KB013686

빛깔있는 책들 102-28

한국의 서원

글/최완기 ●사진/김종섭

대원사

최완기 ————————

1945년 경기도 광주에서 태어났다.
서울대학교 사범대학 역사학과, 고려
대학교 대학원 사학과를 졸업했다.
동 대학원에서 문학박사 학위를 취
득하였고, 국사편찬위원회 편사연구
관, 서울시립대학교 국사학과 교수를
역임했다. 현재 이화여자대학교 사회
생활학과 교수로 있다. 주요 저서로는
「조선 후기 선운업사(船運業史) 연
구」(일조각)와 「한국 성리학의 맥」
「조선시대사의 이해」(느티나무)
등이 있다.

한국의 서원

한국의 서원

서원의 역할

우리 역사는 우리 민족이 살아온 발자취이며 우리 자신이 영위하고 있는 삶의 뿌리이기도 하다. 그 역사에는 희열과 비탄, 평화와 시련이 얽혀 있어 밝은 때가 있었는가 하면 어두운 때도 있었다. 사람들은 영광스러웠던 지난날에 대하여는 자랑하고자 하면서 어두웠던 모습에 대하여는 지우고자 한다. 그러나 역사에 있었던 사실은 있는 그대로 남을 뿐이다.

전국 곳곳에 관광지로서, 문중의 모임 장소로서 퇴락한 채 또는 새로이 단장한 채 모습을 유지하고 있는 서원(書院)도 우리 역사의 한때를 증거하고 있는 발자취이다. 선비들이 모여서 명현(名賢) 또는 충절(忠節)로 이름 높은 위인들을 받들어 모시고 그 덕망과 절의를 본받고자 하며 배움을 익히던 서원은 조선 500년 역사에서 그 어느 것 못지않게 조상의 숨결이 담겨 있는 중요한 유적이다.

서원이란 명칭은 당나라 때 궁중에 설치되어 서적을 편찬하고 보관하던 집현전 서원(集賢殿書院)에서 유래되었다고 한다. 그러나 선현을 받들어 모시고 어울려 공부하던 본격적인 서원은 송나라 때 모습을 보이기 시작하였다. 사대부들의 활동이 두드러지면서 이들은 지방 곳곳에 사사로이 글방을 세워 후진을 양성하였는데, 그 역량이 커지자 나라에서는 서원이란 이름을 내려 장려하였다. 당시 중국에는 수양 서원(睢陽書院), 석고 서원(石鼓書院), 백록동 서원(白鹿洞書院), 악록 서원(嶽鹿書院) 등의 활동이 주목되고 있었고 그 가운데에서도 특히 주자가 강론을 하던 백록동 서원이 유명하였다.

우리나라에 이와 같은 서원이 생긴 것은 1542년(중종 37) 풍기 군수 주세붕(周世鵬)이 우리나라에 처음으로 성리학을 소개한 안향(安珦)의 옛 집터에 사당을 짓고 안향을 제사지내며 선비의 자제들을 교육하면서 비롯되었다. 이 서원이 바로 백운동 서원이었다. 그런데 이에 앞서 우리나라에서도 서원이란 명칭은 세종 때에 이미 쓰이고 있었다. 그 예로 전라도 김제의 정곤(鄭坤), 광주의 최보민(崔保民), 평안도의 강우량(姜友諒) 등이 사사로이 서원을 세워 생도를 교육한 공로로 포상을 받고 있다. 한편 경상도 단성에는 도천 서원(道川書院)이, 성주에는 천곡 서원(川谷書院), 전라도 부안에는 도동 서원(道洞書院)이 세워져 각기 문익점, 김굉필, 김구를 제사지내고 있었다. 그러나 이들 서원은 후진 교육과 선현 봉사의 두 기능을 아울러 지닌 것은 아니었기 때문에 일반적으로 서원의 시초로 백운동 서원을 일컫는다. 그러면 서원이란 구체적으로 어떠한 곳인가.

공부하는 곳

서원은 선현을 받들어 모시는 곳이기도 하지만 1차적으로는 공부하는 곳이다. 그 연원이 사설 교육 기관에서 비롯되었을 뿐 아니라 선현을 받들어 모시는 것도 그들의 큰 뜻을 배우고 따르고자 함에 있었다고 할 때, 서원 설립의 기본 의도는 배움의 장을 마련함에 있었다.

조선 후기의 실학자 유형원은 "지금의 서원은 예전에는 없던 것이다. 각 고을의 향교가 교육이 잘못되어 과거에만 집착하고 명예와 이익만을 다투게 되자, 뜻있는 선비들이 고요하고 한적한 곳을 찾아 정사(精舍)를 세워 배움을 익히고 후진을 교육한 데서 서원이 생겨났다"고 하여 서원 설립의 동기는 먼저 교학적 의미에 있음을 강조하며 선현에 대한 제사 기능은 어디까지나 부수적이었음을 논하고 있다.

서원이 참교육의 장으로서 각광을 받게 된 데에는 16세기의 사화(士禍)가 큰 계기가 되었다. 향촌에서 나름대로 공부를 하던 선비들이 중앙 정계에 진출하여 정치에의 참여를 시도하였으나, 그들은 당시 실권을 장악하고 있던 훈구 세력과 충돌했고 되풀이되는 사화 속에서 심한 타격을 입었다. 많은 선비들이 잡혀 죽거나 변방으로 귀양갔다. 이에 선비들은 정치 참여를 포기하고 산간 전야로 몸을 피하여 오로지 학문에만 힘쓰며, 뜻이 맞는 동료들과 자주 강학회를 가지면서 후진을 가르치기에 이르렀다. 이러한 움직임을 이끌어 간 것은 서경덕(徐敬德), 이언적(李彦迪), 이황(李滉), 조식(曺植), 김인후(金麟厚), 기대승(奇大升), 성혼(成渾), 이이(李珥) 등 명망이 높았던 선비들이었다. 그들은 향촌의 유생들로부터 열렬한 환영을 받았으며 거리를 헤아리지 않고 많은 사람들이 그들을 찾아와 배움을 청하게 되니, 자연히 명망이 높은 선비들이 머물고 있는 곳은 배움의 장으로서 주목되었다.

배움의 장으로서의 서원은 선비들 스스로 학문을 익히기 위한 곳이기도 하였지만, 향촌의 유생들이 배움을 청하게 되면서 체계적인 교육 시설로 자리잡혀 갔다.

각 서원의 학칙이라 할 수 있는 원규(院規)에 의하면 서원의 교육 목표는 '법성현(法聖賢)'과 '양리(養吏)'에 있었다. 서원은 출세를 멀리하고 향촌에 거주하며 학문에만 힘쓰고자 한 선비들에 의해 세워졌다는 점이 주목된다. 서원 교육의 주요 내용이던 성리학 본래의 성격에서 볼 때, 자신을 도덕적으로 완성시키고자 하는 '법성현'은 서원 교육에 있어서 가장 중요한 목표였다. 이를 위해 서원의 원생들은 「소학」부터 읽기 시작하여 「대학」 「논어」 「맹자」 「중용」 「시경」 「서경」 「주역」 「예기」 「춘추」 등의 순서로 배웠다. 이렇게 하여 윤리학적 체계를 갖춘 다음 서원에 따라서는 「가례」 「심경」 「근사록」 「사기」 등을 읽어 뜻을 넓히게 했다.

서원에서의 교육 내용은 거의 성리학 위주로 구성되어 원생들은 그것을 근거로 사물의 이치와 인간의 본성을 탐구하고 이를 바탕으로 실천적 덕목으로서 유교 의례를 익혀 나갔다.

한편 서원은 정계에서 쫓겨난 선비들의 재기 장소로서도 활용되었고, 붕당의 후방 기지로서의 역할도 하였다. 이 경우 정계에 진출하기 위해서는 그 관문인 과거 교육 또한 소홀히 취급하지 않았다. 이황도 "국가에서 현인을 얻는 것은 서원에서"라고 하였다. 따라서 관리의 양성 곧 '양리'도 서원의 중요한 교육 목표의 하나였다.

선현을 모시는 곳

서원이라고 하면 사람들은 대개 선현을 받들어 모시는 곳으로 알고 있다. 이는 조선 후기에 이르러 교육의 기능보다 사묘의 기능이 더 강조된 때문이다. 특히 문중에 의해 서원이 건립되고 조상 가운데 뛰어난 인물이 제향되면서 그리고 학덕으로 명망이 있는 인물보다는 충절로 이름 높은 인물들이 배향의 대상이 되었기 때문이다. 따라서 이들을 받들어 모시는 것을 보다 중요시하면서 서원의 기능은 점차 변질되어 갔다. 그리하여 조선 후기에 있어서의 서원은 단순한 사우(祠宇;사당)까지도 포함하는 넓은 의미로 이해되었다.

충효를 중히 여기는 유교 사회에서는 조상을 공경하는 조상 숭배 사상과 그 은덕에 보답하려는 보본 사상이 특히 강조되었다. 이러한 움직임은 오랜 세월 속에서 특정 위인이나 선현을 받들어 모시고자 하는 숭현 사상(崇賢思想)의 발생을 보여 마침내 사묘(祠廟) 제도를 낳았다. 보통 사묘라고 하면 각 가정에서 조상을 제사하는 가묘를 비롯하여 생사(生祠), 사우, 영당(影堂) 등 여러 형태가 있는데 그 가운데에서도 생사와 사우가 대체로 서원으로 발전하였고 서로 밀접한 연관을 지니고 있다. 중종 때 경상도 상주에 고을을 잘 다스렸던 손중돈(孫仲暾)의 생사가 세워졌는데, 이것은 뒤에 경현사(景賢祠)로 바뀌어 서원과 유사한 형태를 구비하더니 마침내 속수서원(速水書院)으로 발전한 것이 그 예이다.

한편 조선 왕조는 숭유 정책의 일환으로 국가 발전에 큰 공을 세운 사람을 사후(死後)에 제향하는 사우의 설립을 장려하여 도처에 사우가 생겨났으니 단군, 기자, 김유신, 신숭겸, 이순신, 권율, 임경업, 송상현, 김천일 등을 모시는 사우가 그러한 것들이다. 조선 후기에는 문중 또는 향촌의 정치적, 사회적 입장을 정당화하고 우세화하기 위하여 문중의 인물, 향촌의 인물이 기준도 없이 선정되고 또 별다른 연고도 없는 사람을 빌려 오거나 수많은 사람을 배향하는 경우가 많았는데, 이 때문에 서원이 남설(濫設)되어 서원의 격이 떨어지기도 하였다. 그러나 문중의 결속, 향촌 사림의 결속을 위하여도 서원에서의 선현 봉사는 필요하였다. 특히 17세기 이후의 서원은 제향 위주의 성향이 현저해짐에 따라 사우와 그 기능이 동일시되어 가문의 권위를 나타내는 데 크나큰 역할을 하였으므로 후손이나 문중에서는 다투어 건립하였다.

서원에서는 봄과 가을에 배향 인물에 대하여 제사를 지냈는데, 지금도 때가 되면 전국에서 유림들이 의관을 정제하고 해당 서원에 모여 제사를 지내고 서원이나 문중에 관계된 일을 논의한다. 이를 위해 서원에는 엄격한 원임 조직이 편성되어 있었는데 전라도 정읍의 무성 서원(武城書院) 원규에 의하면, 원장(院長) 1인, 원이(院貳) 1인, 강장(講長) 4인, 훈장(訓長) 4인, 재장(齋長) 4인, 집강(執綱) 4인, 도유사(都有事) 2인, 부유사(副有事) 2인, 직월(直月) 2인, 직일(直日) 2인, 그 밖에 색장(色掌), 장의(掌議), 유사(有司)가 몇 사람 있어서 서원에서의 교육 활동과 제사 업무를 관장하고 있었다.

사당 서원은 본래의 교육 기능이 약화되고 점차 사묘 기능이 강조되어 조선 후기에는 사당까지도 포함하는 넓은 의미로 이해되었다. 사당에는 감실을 설치하여 신주를 모시며 집안에 중요한 일이 있을 때마다 사당에 인사드린다.

향촌 사회의 도서관

서원이 향촌 사회의 도서관 역할을 하였다고 함은 서원이 1차적으로 배움의 장이라는 사실과 매우 연관이 깊다. 배움에 있어서 필수 조건은 서적이다. 따라서 교육과 연구를 원활히 하기 위해서는 많은 책을 구비하고 이를 잘 활용해야 한다. 서원에 문고(文庫)를 두어 여러 가지 서적을 수집, 보관하고 나아가 연구 성과 또는 선현의 사상을 보급하기 위하여 서적을 출판하는 것은 서원의 본래 기능이라고도 하겠다. 서원이란 용어 자체도 도서관적 기능에서 비롯되었다. 서원의 연원이라고 할 수 있는 집현전 서원이 그러하였고 신라 때의 서서원(瑞書院), 고려 때의 수서원(修書院) 등이 모두 많은 책을 수장하고 교육 활동을 지원하고 있었다.

서원이 도서관이었음은 최초의 사액 서원인 백운동 서원에서 입증되고 있다. 곧 주세붕은 서원을 세움과 동시에 그 유지에 필요한 전답을 마련하고 원생들의 공부에 필요한 서적을 구입하여 서원에 비치하고 있다. 백운동 서원에는 그 뒤 이황의 건의에 따라 사액 서원으로 승격하면서 나라에서 4서 5경과 성리대전 등 많은 장서를 하사하였고 또 서원 독자적으로도 자주 서적을 수집하여 비치하였으니, 1600년경 백운동 서원 곧 소수 서원(紹修書院)이 수장하고 있던 도서는 107종, 1678책에 이르렀다.

서원의 도서 수장은 비단 소수 서원뿐만 아니라 뒤에 세워진 옥산 서원, 도산 서원, 병산 서원 등에 현존하는 방대한 서적을 통해서도 쉽게 알 수 있다(표1).

서원이 많은 도서를 비치하여 서원 문고를 가지고 있음은 원생뿐만 아니라 향촌 사람들에게도 풍부한 지식을 제공하는 데 기여하였다. 향촌에서는 개별적으로 서적을 구입하기가 쉽지 않았다. 4서 5경과 같은 기본적인 서적은 구할 수 있으나 전문적인 도서는 양반

표1. 대표적인 서원 문고의 현황

서원 이름	창건 연대	소재지	소장 서적 현황
옥산 서원	1572(선조 5)	경북 월성	866종, 4111책
도산 서원	1574(선조 7)	경북 안동	907종, 4338책
병산 서원	1613(광해 5)	경북 안동	1071종, 3039책
필암 서원	1590(선조 23)	전남 장성	132종, 595책
도동 서원	1573(선조 6)	경북 달성	95종, 529책

이라도 쉽게 구할 수 없었다. 따라서 향촌 사람들은 서원에 모여서
서로 의견을 논하기도 하면서 서원에 비치된 서적을 빌려 보는 것이
일반적이었다.

한편 서원에서 서적을 직접 출판하기도 하였다. 임진왜란으로
국가가 보관하고 있던 책뿐 아니라 각지의 서원이 수장하고 있던
책의 대부분이 불탔다. 그러나 재정이 악화된 정부는 많은 책을
출판할 수 없었고 서원이 사액되어도 책을 하사할 수도 없었다.
따라서 서원은 스스로 책을 간행하였는데 이때 간행된 책은 대개
교육용이었으며 때로는 서원에 배향된 인물의 문집, 유고 등을 간행
하기도 했다. 서유구의 「누판고(樓板考)」에 의하면 78개소 서원에서
167종의 서적을 출판하였다고 적혀 있다.

서원의 발생

　서원은 시대의 산물이다. 서원의 역할이 두드러지는 것은 조선 후기였지만 그것이 생겨난 것은 16세기였다. 조선 왕조사에 있어 16세기는 여러 면에서 하나의 전환기였다. 정치적으로 국왕 중심의 통치 체제가 흔들려 그 힘을 잃고 있었고, 사회적으로 신분 질서가 흔들려 계층 사이에 갈등이 나타나고 봉건 질서의 빛이 바래고 있었다. 이러한 틈바구니 속에서 사림이라는 새로운 정치 세력이 나타났고 그들 중심의 새로운 질서와 가치관이 제시되었다.

　서원은 이러한 역사적 상황 속에서 사림들이 학문의 장, 교육의 장을 명분으로 하면서 실제로는 세력 결집의 장을 확보하기 위해 마련한 것이었다.

관학의 부진

　조선 왕조의 위정자들이 유교를 지도 이념으로 내세운 데에는 그 나름의 이유가 있었다. 곧 유교는 신분적 명분론에 의해 임금과

강릉 향교 향교는 원래 과거 준비를 위한 교육 시설로서 한 고을에 하나씩 있는 것을 원칙으로 하였다. 학생 중에는 양반뿐 아니라 서민의 자제도 있었다.

신하, 아버지와 아들, 지아비와 지어미, 양반과 상민, 주인과 노비 사이에 지배 질서를 부여한다. 따라서 유교 정치는 유교적인 윤리관을 기본으로 삼는 윤리 정치를 이상으로 내세워 그에 따른 사회 질서의 확립을 위해 성균관, 학당, 향교 등 관학 교육을 강화하고 유학 서적, 유교 의례서 등의 보급에 힘썼다.

명륜당 성균관이나 향교에서 유생들에게 경학을 강론하던 곳이다. 그 이름에서 보듯이 윤리를 특히 밝히고자 하였다.

관학 교육이 정비된 것은 세종 때였지만 한편으로는 이때부터 관학 교육 체계에 이상한 조짐을 보인다. 관학이 출세 도구로 변질되기 시작하였고, 향교의 교관은 질이 크게 저하되었으며 더구나 세조의 집정으로 양식 있는 선비들이 관학 교육에의 참여를 기피하게 되었다. 따라서 성균관, 향교 등 관학은 생도가 미달하였고 그나마 남아 있는 생도는 대개 학문에는 뜻이 없고 벼슬에나 관심이 있는 무능하고 부패한 무리들이었다.

관학의 부진은 16세기에 이르러 극한 상황에까지 이른다. 연산군은 성균관을 연회 장소로 사용하였고 학자들의 독서를 금하기조차 하였다. 이 때문에 관학은 극도로 퇴락해 갔고 공부할 곳을 찾아도 마땅한 곳이 없었다. 따라서 참교육의 장이 요청되었으며 덕망있는 스승이 필요하였다. 이러한 상황 속에서 서원이 생겨났으므로 그 뒤 서원은 쉽게 교육의 주도권을 장악하였다.

사림의 성장

서원은 흔히 붕당의 후방 기지와 같은 역할을 했다. 이것은 사림 세력의 정치적 성장을 전제로 하는 논거이다. 사실 16세기 이후의 조선 사회는 사림에 의하여 주도되었다고 해도 과언이 아니다.

사림이라는 재야 지식인들이 중앙 정계에 진출하기 시작한 것은 성종 때였다. 정몽주, 길재의 계열로서 일찍이 불사이군(不事二君)을 내세워 정치 참여를 거부하였던 이들은 세월이 흐르면서 현실을 인정하고 정계에 진출하게 되었다. 그들은 성리학에 관심이 많아 도덕과 의리를 숭상하고 학술과 언론을 바탕으로 하는 왕도 정치를 희구하였다. 그러나 부국 강병을 명분으로 내세우며 비리와 부정에 젖어 있던 훈구 세력과 대립되어 결국 4번에 걸친 사화(士禍)를 유발하였다. 사화로 인해 심한 타격을 입은 사림들은 세력을 키우기 위한 궁극적 방안을 모색하였다.

향촌에서 자란 사림들은 향촌에 뿌리를 깊이 내리고자 하였다. 사창제(社倉制)의 실시를 주장하고, 유향소(留鄕所)를 다시 세우고, 향약을 전국적으로 시행하고자 한 것은 그러한 의도의 결과이었다. 그 의도를 간파한 훈구 세력은 그것들이 자신들에게 위험한 존재로 작용할 것임을 알고 집요하게 방해하여 쉽게 성사되지 않았다. 이에 사림들은 세력 결집을 위한 새로운 장으로서 서원을 구상하였다.

서원은 명목상 어디까지나 교육 시설이었으므로 정치적 반대 세력으로부터의 견제를 피할 수 있다고 생각했기 때문이다. 이제 사림들은 서원을 통해서 학연성(學緣性)을 돈독히 하면서 자신들의 힘을 키울 수 있게 되었다.

주자 숭배열의 고조

16세기에는 사림의 대두와 더불어 주자(朱子)에 대한 숭배열이 고조되고 있었다. 당시 사림의 주자 숭배는 훈구 세력에 도전하기 위한 이념적 무장으로서도 불가피하였다.

조광조(趙光祖)를 비롯한 당시의 사림들은 주자의 저술인 「소학」을 심신 단련의 기초로서 필수 과정으로 삼았고, 이 책을 항시 품에 지니고 다녀야 할 만큼 「소학」 정신을 실천함에 힘썼다. 주자 숭배는 그의 학문 자체에서 더 나아가 주자 자체를 숭앙하였으니, 사림에서는 주자의 학문뿐만 아니라 주자의 언행까지도 배우는 것이 참다운 배움의 길이라고 여겼다.

주자에 대한 숭배열은 교육 활동에도 곧바로 구현되었으니 주자의 '백록동 학규(白鹿洞學規)'가 그대로 답습되었다. 당시 선비들 사이에서는 주자의 백록동 서원을 흠모하는 자가 많았다. 조욱(趙昱), 이항(李恒), 정여창(鄭汝昌) 등이 그들이었다. 마침내 주세붕에 이르러는 백록동 서원을 본받아 백운동 서원을 세우게 된다. 곧 서원 성립의 직접적 계기는 주자의 백록동 서원에 있었다. 서원에서의 공부나 가르침도 주자의 학문 체계에서 거의 벗어나지 않았으니, 서원을 중심으로 꽃피운 조선의 성리학은 곧 주자학이었다.

주자에 대한 숭배열은 거주하고 공부하던 정사나 서원 건축에도 나타나고 있다. 곧 주자가 거주하던 무이 정사(武夷精舍)를 흉내내어 이황은 농운 정사를, 이이는 은병 정사를 꾸몄고, 이를 토대로 도산 서원과 소현 서원이 형성되었다. 무이 정사 경영 사실이 모방되면서 사림들은 성리학적 자연관을 잘 보여 주는 구곡(九曲)을 즐겨 운영하기도 하였다. 예컨대 이이의 고산 구곡(高山九曲), 송익필의 주자 구곡(朱子九曲), 김수증의 곡운 구곡(谷雲九曲), 송시열의 화양 구곡(華陽九曲) 등이 그러한 경관 구조들이었다. 그리고 당시 조선의 선비들은 주자의 '서원도'를 회람하고 있었는데 선비들 가운데에는 이에 의거하여 서원을 세우고 배움의 장을 마련하기도 하였다.

백운동 서원의 설립을 시발로 하여 전국 곳곳에는 지속적으로 서원이 생겨났다. 특히 17세기 후반인 1690년대에 서원이 많이 건립되었다(표2, 3).

표2. 시대별, 지방별 서원 빈도수

시대별 \ 지방별		경기	충청	전라	경상	강원	황해	평안	함경	계
16세기 전	중종		1	1	2		1			5
	명종									
16세기 후	선조	7 (2)	6	11 (2)	24 (8)	1	6 (3)	2	2 (1)	59 (16)
17세기 전	광해	4 (3)	12 (4)	14 (2)	34 (9)	4 (1)	3	3 (1)	3 (1)	77 (21)
	인조									
17세기 후	효종	24 (21)	24 (17)	27 (19)	55 (28)	5 (3)	9 (11)	8 (8)	7 (4)	159 (111)
	현종									
18세기 전	숙종	4 (9)	14 (11)	12 (7)	41 (9)	1	1 (4)	3 (3)	(2)	76 (45)
	영조									
18세기 후	정조			1 (1)	(2)					1 (3)
19세기 전	순조	1 (1)								1 (1)
	헌종									
19세기 후	철종									
	고종				(1)					(1)
계		40 (36)	57 (32)	66 (31)	156 (57)	11 (4)	20 (18)	16 (12)	12 (8)	378 (198)

※ ( )은 사액 서원 수

표3. 연도별, 지방별 서원 건립 빈도

연도	개수 (개소)
1500	
10	
20	1
30	1
40	3
50	6
60	13
70	18
80	16
90	6
1600	18
10	26
20	10
30	13
40	9
50	26
60	32
70	23
80	23
90	56
1700	41
10	26
20	9
30	
40	
50	
60	1
70	
80	
90	
1800	
10	
20	
30	1
40	
50	
60	

보 기

경기 ● 강원 ●
충청 ● 황해 ●
전라 ● 평안 ●
경상 ● 함경 ●

서원의 설립 장소

입지 조건

서원은 배움의 장이고 아울러 선현을 받들어 모시던 곳이다. 따라서 선비들은 공부하기 위하여 조용한 장소를 찾았을 것이며 선현들과 연고가 있는 곳을 찾았을 것이다. 교육 환경에 의해 교육 성과가 크게 달라진다고 함은 맹자의 어머니를 통해 일찍이 깨우친 바 있기 때문이다.

서원의 자리는 일반적으로 산수가 뛰어나고 조용한 산기슭이나 계곡 또는 향촌에 마련되고 있다. 이는 세속을 벗어나 오로지 공부에만 전념토록 하자는 의도에서였다.

이황도 도처에 서원을 건립하면서 "서원은 성균관이나 향교와 달리 산천 경개가 수려하고 한적한 곳에 있어 환경의 유혹에서 벗어날 수 있고, 그만큼 교육적 성과가 크다"고 하였다. 이황이 관여한 이산 서원, 역동 서원, 영봉 서원 등은 모두 경치가 좋고 한적한 곳에 자리하였다.

한편 서원의 자리로서 절터 또는 퇴락한 사찰을 이용하는 경우도 있었다. 이들 장소도 경관이 뛰어나기 때문에 서원이 들어서기에 좋은 여건이 된다. 소수 서원, 옥산 서원, 노강 서원, 임고 서원, 청성 서원 등은 그러한 곳이었다. 사찰에서 서원으로의 전이는 문화의 교체에 따른 공간 점유의 계승이라는 측면도 있겠으나 새 질서의 수립이라는 정책적 측면에서의 의도도 있었다.

서원은 일반 서재와 달리 선현을 받들어 모시기 때문에 그 위치는 배향하는 선현의 연고지와 관련이 깊다. 곧 서원 안에는 사당이라는 시설물을 반드시 갖추어야 하기 때문에 그곳에 배향되는 주향자는 그 장소와 깊은 관련이 있는 인물이 일반적이다. 예컨대 순흥의 소수 서원은 성리학을 처음 소개한 안향의 고장에 세워진 서원이고, 순천의 옥천 서원은 무오사화 때 김종직의 일파라고 하여 순천으로 유배되었던 김굉필의 학덕을 추모하기 위하여 세워진 서원이었다.

한편 일부 서원은 서원에 배향된 선현들이 살았을 때 세운 서당이 발전하여 이룩된 경우도 있다. 이를테면 도산 서원 안에 있는 도산 서당은 이황이 살았을 때에 제자들에게 글을 가르치던 곳이다. 그의 제자들은 이황이 죽은 뒤 도산 서당 옆에 사당을 세우고 교육 시설을 확충한 뒤 도산 서원을 꾸몄다. 또 연산의 둔암 서원도 김장생이 서당을 차려서 제자를 가르치며 공부하던 곳이었는데, 김장생이 세상을 뜨자 그 자리에 김장생을 제사하는 사당을 세우고 서원으로 발전시켰던 것이다. 이러한 서원으로는 그 밖에도 진주의 덕천 서원, 풍산의 병산 서원, 논산의 노강 서원, 장성의 필암 서원, 성주의 회연 서원, 안동의 고산 서원, 임천의 칠산 서원 등을 손꼽을 수 있다.

노강 서원 뜨락 넓은 뜨락은 원생들의 휴식 공간이었다. 외삼문 너머로 아스라이 논산벌이 드넓게 펼쳐 있다.

지역적 분포 상황

　서원은 선비들이 모여서 성리학을 논하고 유학을 공부하던 곳이
다. 따라서 선비들이 많이 살고 있던 지역에 서원이 많이 생겼다.
우리나라에서 선비들이 많이 살고 있던 곳은 경상도, 전라도, 충청도
지방이다. '조선 후기 서원 분포도'에서 알 수 있는 것처럼 서원은
안동, 상주, 대구, 진주, 나주, 남원, 청주 등 삼남 지방 중심지 부근
에 밀집되어 있었다(그림 1).

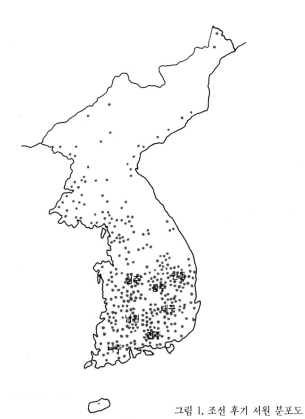

그림 1. 조선 후기 서원 분포도

「증보문헌비고」에 의하면 조선시대에 있었던 서원은 378개소였다. 이들의 지방별 분포를 보면 경상도에 156개소로 가장 많고, 강원도에 11개소로 가장 적다. 경상도를 비롯한 삼남 지방의 서원 수효는 279개소로 전국의 서원수에 대한 비율은 73.8퍼센트에 이르고 있으며 삼남 지방 가운데서도 영남 지방에 특히 많이 분포되어 있다(표4).

표4. 조선 후기 서원의 지방별 분포

	경기	충청	전라	경상	강원	황해	평안	함경	계
수효	40	57	66	156	11	20	16	12	378
비율	10.6	15.1	17.4	41.3	2.9	5.3	4.2	3.2	100.0

영남 지방

영남 지방은 서원의 보금자리였다. 이곳에서는 일찍부터 성리학의 열기가 고조되고 있었다. 이 지역 사람들은 이곳이 고향인 정몽주, 길재, 김종직, 김굉필, 정여창, 이언적, 이황으로 이어지는 학맥을 성리학의 정맥이라고 자부하고 성리학 연마에 힘을 기울였다. 따라서 성리학의 샘터, 사림의 본바닥으로 알려져 자연히 성리학의 배움터인 서원이 여기저기에 설립되었다(그림 2).

안동은 영남 지방 가운데에서도 진보 이씨, 의성 김씨, 하회 류씨, 안동 김씨, 안동 권씨 등 명문 거족이 많이 살고 있어 사림의 본거지였다. 안동, 예안, 진보 일대에는 20개소 가까운 서원이 분포되어 있었다. 또한 지금은 위축되었지만 예전에는 경상도에서 제일 큰 도회지였던 상주도 류성룡, 정경세, 송준길, 손중돈 등의 감화가 있던 곳으로 10여 개소의 서원이 자리잡고 있었다. 이웃한 선산에서

	16세기 설립
	17세기 설립
	18세기 설립

그림 2. 영남, 호남 지역 서원 분포도

26 서원의 설립 장소

길재가 많은 제자를 키워 냈는데 이것이 아마 서원이 이곳에 자리하게끔 영향을 주었다고 본다.

경상남도 지역에서는 진주, 함양, 합천 등지에 많은 서원이 건립되었는데 이황과 더불어 영남의 성리학을 크게 일으킨 조식이 이 일대에서 많은 제자를 키워 냈기 때문이다. 오건, 최영경, 김우옹, 정인홍, 곽재우 등은 조식이 키워 낸 큰 인물들로서 이 지역에서는 감화가 커서 그들을 모시는 서원이 많이 생겨났다.

대구, 상주, 창녕, 현풍 등지에는 영남에 예학의 뿌리를 내린 정구를 모신 서원이 많이 분포되어 있는데, 정구는 스스로 성리학 공부에 힘쓰는 한편으로 선현을 흠모하여 곳곳에 있는 서원을 부지런히 심방하였고 서원 건립에도 힘썼던 인물이다.

호남 지방

경상도 다음으로 서원이 많이 있었던 지방은 전라도이다. 이곳에서는 나주, 남원, 장성 등지에 서원이 밀집 분포되고 있다. 이들 지역에는 일찍부터 기대승, 류희춘, 박순, 정철 등의 선비들이 자리를 잡고 향촌 교화에 힘쓰고 있었으니, 이미 16세기에 여러 서원이 세워지고 있었다(그림 2).

한편 유교 문화의 영향이 덜 미쳤다고 보여지는 영광, 함평, 무안 등지에도 많은 서원이 건립되고 있다. 이들 서원은 향촌의 토반 세력이 중심이 되어 운영되면서 학덕으로 이름난 선현보다는 문중에서 특출한 인물이 있을 때 그를 제향함으로써 가문의 위세를 과시하는 데 이바지하였다.

전라도 지방에 비교적 서원이 많았던 것은 뚜렷한 붕당의 근거지가 아니었기 때문이다. 이를테면 중립 지대였다. 그리하여 경상도 지역의 남인 세력과 충청도 지역의 서인 세력은 각기 자기 붕당의 세력 기지를 마련하고자 서로 서원 건립에 힘을 기울였다. 나주의 경현 서원, 미천 서원, 무안의 자산 서원, 담양의 의암 서원은 남인 계열의 서원이었고 광주의 월봉 서원, 여산의 죽림 서원, 장흥의 연곡 서원, 익산의 화산 서원, 정읍의 고산 서원은 서인 계열의 서원 이었다.

충청도

충청도는 일찍이 이색이 한산에 터전을 마련하고 성리학을 가르 쳤으며, 이이의 수제자인 김장생이 이곳을 중심으로 활동하면서 김집, 송시열, 송준길, 윤황, 윤선거, 윤증 등이 배출되었다. 이들은 거의 모두 기호학파의 맹장들이었고 당색으로는 서인에 속하였다. 따라서 충청도는 기호학파의 본거지였다. 청주의 화양 서원, 충주의 누암 서원, 공주의 충현 서원, 회덕의 숭현 서원, 연산의 둔암 서원 등은 모두 기호학파 곧 서인 계열이 서원이었다. 다만 단양에서

그림 3. 충청도와 경기도
　　　서원 분포도

■ 16세기 설립

■ 17세기 설립

■ 18세기 설립

이황이 벼슬살이를 한 인연으로 단양의 단암 서원, 제천의 남당 서원에서는 이황을 받들어 모시고 있다. 그리고 토정비결의 저자이자 서경덕의 제자인 이지함의 고향인 보령에는 북인 계열의 화암 서원이 자리하고 있다(그림 3).

경기도

충청도와 더불어 기호학파의 고장으로 알려지고 있는 경기에는 40개소의 서원이 분포되어 있는데 숫자상으로는 많지 않다. 그러나 서원에 대한 사액의 비율은 어느 지방보다도 높다. 40개 서원 가운데 36개 서원이 사액을 받고 있다. 사액은 정부의 정책적 배려와 지원을 받는 것을 뜻한다. 따라서 각 서원은 사액 서원이 되기를 원하였다.

경기 지역에 사액 서원이 많았던 것은 제향되는 인물이 대개 정부 고관을 지냈거나 학덕과 절의가 뛰어났기 때문이다. 이이, 성혼, 조광조, 조헌, 조경, 허목, 박태보, 김육, 정몽주 등이 그들로서 그들을 모시는 자운 서원, 파산 서원, 심곡 서원, 우저 서원, 용연 서원, 미강 서원, 노강 서원, 잠곡 서원, 충렬 서원 등이 곳곳에 세워졌다.

그 밖에 황해, 강원, 평안, 함경 지방은 유교적 교화가 비교적 늦게 이루어져 초창기에는 서원의 수가 많지 않았다. 17세기 후반에 이르러 강릉, 원주, 함흥, 평양 등지에 서원이 건립되었다. 4도 지방의 서원 총수가 59개소로서 전국 서원의 15.6퍼센트로 경상도 지방의 3분의 1에 불과하였다. 다만 황해도 지방은 이이가 일찍이 황해도 관찰사로 있으면서 교화에 힘썼고 또 만년에는 해주 석담에 머물면서 그 문인들에 의해 이이를 모시는 서원이 해주, 황주, 연안, 배천, 재령, 안악, 서흥, 봉산, 송화, 문화, 은율, 장연, 신천 등 도내 곳곳에 세워지고 있다.

배향 인물

    서원은 공부하는 곳임과 더불어 선현을 받들어 모시는 곳이다. 사림들은 명망있는 선현을 받들어 모심으로써 자신들의 학적 정통성을 과시하고 사회적 위치를 강화하고자 하였다.

    조선 왕조도 숭유 정책의 하나로서 서원의 건립을 지원하면서 향촌 사회를 교화하기 위하여 학덕이 높은 명현을 본받게 하는 것이 효과적이라고 보았다. 그리하여 사액 서원의 조건은 배향 인물의 학덕이 크게 뛰어나거나 국가에 공적이 크든지, 아니면 충절과 의리로써 모범이 될 만한 경우에 한정되었다. 그리하여 초기에는 붕당을 초월하여 거국적으로 명망 있는 인물을 모시는 서원이 주로 건립되었다. 순흥의 소수 서원, 해주의 수양 서원, 영천의 임고 서원, 순천의 옥천 서원 등이 그러한 서원으로서 각기 안향, 최충, 정몽주, 김굉필 등을 배향하였다.

    붕당의 정치적 갈등이 심화되면서 17세기 이래로 서원은 붕당의 후방 기지 역할을 하였다. 따라서 자기 붕당의 정치적 입장을 강화하기 위하여 대표적 인물을 배향하였다. 서인 계열에서는 이이, 성혼, 김상헌, 김장생, 송시열, 윤선거, 윤증, 권상하 등을, 남인 계열에서는 이황, 조식, 정구, 정경세, 류성룡, 김성일 등을 서원에 배향하였다.

한편 임진왜란과 병자호란 때에 순절한 사람들도 서원에 배향된 경우가 많았다. 조헌, 김천일, 고경명, 곽재우, 송상헌, 윤집, 오달재, 홍익한 등이 그들이었다. 그리고 세조의 집정에 반대하다가 죽은 성삼문, 박팽년, 이개, 하위지, 류성원, 유응부 등 사육신도 서원의 배향 인물로 주목된다. 과천의 민절 서원, 충주의 노은 서원, 연산의 충곡 서원, 대구의 낙빈 서원 등에서는 사육신을 제사지내고 있다.

서원에 배향된 인물의 빈도수를 살펴보면 이황, 송시열, 이이, 주자, 조광조, 이언적 등이 여러 서원에서 배향되고 있는데 특히

표5. 서원에 배향된 인물의 빈도수

인물＼지역	경기	충청	전라	경상	강원	황해	평안	함경	계
이 황	0	5	2	17	1	4	1	1	31
송시열	3	11	4	4	0	1	0	3	26
이 이	2	1	1	1	1	13	1	1	21
주 자	1	4	2	1	0	10	2	0	20
조광조	3	2	3	0	0	4	2	3	16
이언적	1	1	2	11	0	0	1	0	16
정 구	0	2	1	10	0	0	1	0	14
정몽주	2	0	1	6	0	0	1	3	13
김굉필	0	1	2	5	0	4	1	0	13
김장생	2	4	3	1	0	2	0	0	12
정여창	0	1	1	6	0	0	0	1	9
조 헌	1	4	1	0	0	1	0	2	9
민정중	1	1	1	0	0	0	1	5	9
송준길		5		2					7
성 혼	1		1	1		3		1	7
김상헌	2		2				1	2	7
박세채	2		1			4			7
장현광				7					7

▨ 동인 계열
▨ 서인 계열

이황, 송시열, 이이, 주자는 20개소 이상에서 모셔지고 있었다. 이황은 경상도에서, 송시열은 충청도에서, 이이와 주자는 황해도에서 주로 모셔진다(표5).

향촌 교화와 후진 교육을 위해서 명망 있는 유학자가 서원에 배향된다고 하여도 실제 서원을 관리하고 이끌어가는 것은 문중 또는 종손이었다. 더구나 후손이 서원에 배향된 인물을 제사지내는 것은 조상 숭배를 미덕으로 여기던 조선 사회에 있어서는 당연하였다. 서원이 그 고장에서 가문의 위세를 크게 드러내 준다고 생각하였기 때문에 문중에서는 서원 건립에 적극이었고 서원의 격을 올리기 위해 여러 가지로 노력하였다. 이들 서원에서는 문중의 선조가 주로 배향되었다. 파주의 파산 서원은 창녕 성씨 문중에서, 장성의 고산 서원은 행주 기씨 문중에서, 대구의 구암 서원은 달성 서씨 문중에서, 안동의 사빈 서원은 의성 김씨 문중에서 주도하여 세운 서원으로 조상 가운데 주목되는 인물이 배향되고 있다. 비록 그 선조를 현양하기 위해 후손들이 사사로이 서원을 건립하였다고 하여서 사회적 비난을 받기도 하지만, 사림을 표면에 내세우고 실질적으로 후손이 서원을 건립하는 경우도 흔히 있었다. 또한 두세 가문이 힘을 합하여 서원을 세우는 경우도 적지 않았다. 황해도 평산의 동양 서원은 평산 신씨와 한산 이씨의 후손들이 힘을 합하여 서원을 창건하였으므로 그들의 선조인 신숭겸과 이색이 함께 배향되고 있다.

한편 서원에 배향된 인물이 그 지역과 전혀 관련이 없는 곳도 있다. 곧 주자, 정자 등 중국의 성현을 모시는 서원이 곳곳에 자리하고 있다. 이들 서원은 중앙 정계와 거리가 멀지만 향촌에서는 나름대로 세력을 펴고 있던 토반들이 자신들의 권위를 높이고, 향촌에서의 주도권을 장악하고자 하는 의도에서 세운 것이다. 황해도에 특히 주자를 모신 서원이 많았다.

서원의 시설

서원에는 교육 시설과 제향 시설이 필수적이었다. 경치가 좋고 한적한 곳에 자리를 정하게 되면 실제 시설물을 건축하게 된다. 우리나라에서 가옥을 건축할 때는 풍수 지리를 존중하여 배산 임수 (背山臨水)를 중히 여긴다. 대부분의 서원도 뒤쪽에 산을 등지고 앞쪽으로는 시야가 트이면서 들이나 강을 바라보는 산기슭에 터를 잡았다. 또한 심성의 도야를 위하여 자연의 원리를 객관적으로 또는 자발적으로 탐구, 체득하게끔 건축물의 구도를 꾀하고 있다. 일찍이 성리학의 개척자 주자도 이 점에 유의하여 서원의 주변 조경에 관심을 기울여 무이 9곡을 조성하고 무이 정사를 지었다. 이황이나 이이도 이를 본받아 서원을 건립함에 있어 우선 주변 조경에 힘썼다.

배치 형태

서원 건축의 공간 구성과 배치는 교육 시설로서의 재실(齋室), 강당(講堂)과 제향 시설로서의 사당으로 크게 나눈다.

• 경사지 배치의 예(도동 서원 종단면도)

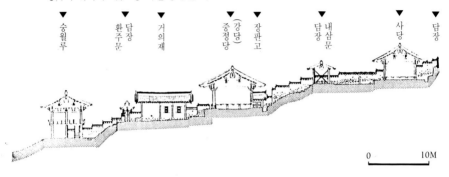

▼숭월루　▼환주문　▼담장　▼거의재　▼중정당(강당)　▼장판고　▼담장　▼내삼문　▼사당　▼담장

0 ___ 10M

• 평지 배치의 예(필암 서원 종단면도)

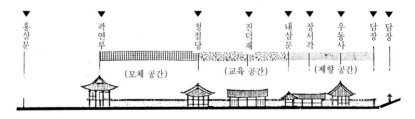

▼홍살문　▼곽연루　▼청절당　▼진덕재　▼내삼문　▼장서각　▼우동사　▼담장　▼담장

(모체 공간)　(교육 공간)　(제향 공간)

0 ___ 12M

서원 배치의 예

배치 형식		대상 서원
전학 후묘	전행위 공간	충렬 인흥 고천 신항 강성 덕원 예림 무성 덕천 서계 노강 금오 남계 삼계 도연 고산 도동 옥산 병산 서악
	후행위 공간	안곡 용연 신안 심곡 덕양 덕봉 흥암 필암
횡렬식		소수 오봉 수림 임천 수암

배치 형태는 앞쪽에 교육 시설을, 뒤쪽에 제향 시설을 마련하는 것이 원칙이었다. 그리고 각 건물은 기본적으로 일정한 중심축이 있어 앞에서부터 정문, 누각, 강당, 내삼문, 사당 순으로 배치되었다. 강당 전면에는 좌우 대칭으로 재실을 두었다. 그리고 제기고, 장판고, 교직사 등은 관련 주건물 주변에 적절히 배치되었다. 예외적으로 소수 서원은 서원 건축의 기본 유형과는 전혀 다른 모습을 띠고 있는데, 일정한 축도 없이 강학을 위한 강당과 재실이 불규칙하게 경내의 중앙에 위치하고 있으며, 사당은 별도의 담장으로 구획되어 경내의 왼쪽에 자리하고 있다.

건축 양식과 구성

서원의 건축 양식은 김지민(金知民) 교수에 의하면, 전체적으로 소박하고 간결하며 건물의 규모는 그리 크지 않다고 한다. 강당은 정면 5칸 측면 2칸, 재실은 정면 3칸 측면 2칸, 사당은 정면 3칸 측면 2칸이 일반적이었다(김지민 '조선시대의 서원 건축' 「도동서원」 문화재관리국, 1989).

사찰이 종교성으로, 궁궐이 권위성으로 웅대하게 건축된 것과 달리 서원은 산간이나 향촌에 은거하며 학업을 익히고자 하는 뜻으로 세웠기 때문에 건축에서도 특별한 꾸밈은 없고, 주위의 자연과 잘 어울리는 조형미가 돋보인다. 검소한 생활 환경을 중시하였던 사림들의 가치관이 잘 반영되고 있는 서원은 전형적인 유교 건축의 모습을 잘 보여 주고 있다.

서원의 건물 구성은 서원에 따라서 약간 차이가 있다. 이는 시대가 흐름에 따라서 서원의 기능이 달라졌음에도 기인한다. 곧 처음에는 교육 시설이 중요시되었으나 17세기 후반 이래로는 제향 시설 중심으로 건물이 조영되고 있다. 또한 장판각이나 누각 등이 점차 사라져갔다.

19세기에 와서는 대체로 사당과 강당만으로 구성된 단순한 형태의 모습으로 서원 구조가 바뀌고 있다.

강당

선비들이 모여서 학문을 토론하는 곳이다. 서원 안에서 제일 규모가 크며 넓은 대청 마루와 온돌방이 적절히 배치되어 있다. 건물 중앙의 처마 밑에는 현판이 걸려 있는데 도동 서원에는 중정당(中正堂), 덕천 서원에는 경의당(敬義堂), 둔암 서원에는 응도당(凝道堂), 옥산 서원에는 구인당(求仁堂), 병산 서원에는 입교당(立教堂), 필암 서원에는 청절당(淸節堂), 남계 서원에는 명성당(明誠堂)이란 현판이 남아 있다.

재실

원생들이 잠자는 곳으로 보통 강당 앞에 대칭으로 자리하고 있다. 필암 서원의 경우는 강당과 사당 사이에 재실이 있다. 재실은 강당과 함께 교육 공간의 핵심을 이룬다. 강당을 향하여 설 때 오른쪽의 재실을 동재(東齋)라 하고 왼쪽의 재실을 서재(西齋)라 한다. 동재에 기거하는 원생이 서재의 원생보다 선배이다. 동재나 서재에도 역시 서원마다 고유 명칭의 현판이 걸려 있다. 예컨대 도동 서원에는 거인재(居仁齋), 거의재(居義齋), 남계 서원에는 양정재(養正齋), 보인재(輔仁齋), 필암 서원에는 진덕재(進德齋), 숭의재(崇義齋)라는 현판이 걸려 있다.

거의재 재실에는 원생들의 교육 목표를 나타내는 고유 명칭의 현판이 걸려 있다. 거의 재는 도동 서원 서편 재실의 당호이다. 동편은 거인재.

사당

선현의 위패(또는 영정)를 모시고 봄과 가을에 제사지내는 곳이다. 배향 인물은 보통 1인을 주향으로 시작하나 뒤에 다시 존중할 인물이 생기면 추가로 배향하였다. 도동 서원에서는 처음 김굉필을 주향으로 하였으나 나중에 정구를 추가로 배향하였다.

사당의 명칭은 도산 서원의 상덕사(尙德祠), 무성 서원의 태산사(泰山祠), 병산 서원의 존덕사(尊德祠)와 같이 대부분 '○○사'로 부르고 있으나 때로는 옥산 서원의 체인묘(體仁廟)와 같이 '○○묘'로도 부른다.

체인묘 사당은 대부분 '○○'사로 불리우나 옥산 서원만은 묘라고 하였다. 사와 묘를 합하여 사당을 사묘라고 부르기도 하였다.

장판고

장판각(藏板閣), 경장각(經藏閣), 서고(書庫) 등으로도 부른다. 서책이나 이것을 찍어 낸 목판을 보관하는 곳이다.

둔암 서원, 옥산 서원, 도산 서원, 필암 서원 등에는 현재도 많은 목판본이 보관되어 있는데 주로 문집과 경서를 찍어 내는 목판본이었다. 필암 서원과 같이 장판각과 경장각이 따로 있는 곳도 있다.

제기고

제향 때에 필요한 제수를 마련하고 기물을 보관하던 곳이다. 전사청(典祀廳)이라고도 한다. 제향은 크게 향례와 묘사로 나뉘는데 향례는 매년 음력 2월과 8월의 중정일(中丁日 ; 그 달의 일진에서 중간에 있는 丁日)에, 묘사는 음력 3월 10일과 10월 2일에 행한다. 제향에 쓰이는 기물은 대개 목기(木器)와 죽기(竹器)를 쓴다.

누각

원생들이 배움 도중에 휴식하거나 여가를 위해 마련한 건물이다. 누각은 없는 곳도 많으며 곳에 따라서는 서원의 정문을 겸한 곳도 있다. 이곳에도 고유의 현판이 걸려 있다. 예컨대 옥산 서원에는 무변루(無邊樓), 도동 서원에는 수월루(水月樓), 병산 서원에는 만대루(晩對樓), 무성 서원에는 현가루(絃歌樓), 필암 서원에는 곽연루(廓然樓)라는 현판이 남아 있다. 그 밖에 서원의 정문인 외삼문(外三門), 제향 구역의 정문인 내삼문(內三門), 원지기들이 거주하는 교직사(校直舍) 등이 시설되어 있다.

이름난 서원

　조선시대에 건립된 서원은 「증보문헌비고」에 기록되어 있는 것만
도 378개소였다. 이는 정부에 의해 파악된 것에 불과하며 향촌에서
사사로이 건립되어 중앙에 알려지지 않은 서원도 많았다. 더구나
넓은 뜻으로서의 서원에는 사우도 포함되는데 이것까지 합하면
그 수효는 1천 개소에 이른다. 한 고을에 10여 개소의 서원이 건립
되었는가 하면 한 사람이 10여 개소의 서원에 배향되고 있었다.
　이와 같은 서원의 남설은 서원의 격을 떨어뜨렸고, 여러 가지
민폐를 끼쳤다. 그리하여 정부도 서원의 첩설을 금지하고 문제가
있는 서원은 철폐시키기도 하였으나 실효를 거두지 못하였다. 그러
나 마침내 흥선 대원군이 정권을 장악하면서 1871년에 과감히 서원
을 정리하여 전국적으로 47개소의 서원만 남았다. 사액 서원이라고
하더라도 한 사람을 위한 하나의 서원말고는 모두 훼철하였다.
47개소 가운데서도 사우를 제외하면 순수한 서원은 27개소뿐이었
다. 27개소의 서원도 그 뒤 전란과 변고 등으로 불타거나 훼손되어
옛모습을 지니고 있는 서원은 10여 개소에 불과하다(표6).

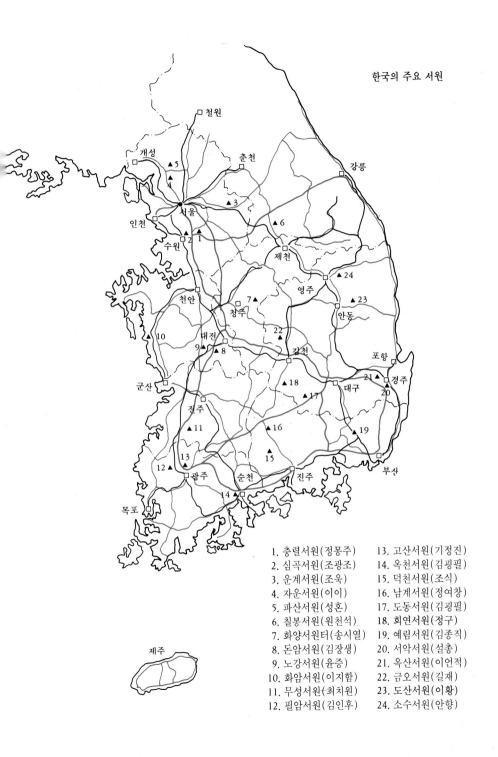

한국의 주요 서원

철원
개성
춘천
강릉
▲5
▲4
서울
▲3
인천
▲6
수원
▲2 ▲1
제천
천안
▲7
영주
▲24
청주
▲23
대전
▲22
안동
▲9 ▲8
김천
포항
군산
▲18
▲21 경주
▲17
대구
▲20
전주
▲11
▲16
▲19
▲13
▲15
▲12
광주
순천
진주
부산
▲14
목포

1. 충렬서원(정몽주)
2. 심곡서원(조광조)
3. 운계서원(조욱)
4. 자운서원(이이)
5. 파산서원(성혼)
6. 칠봉서원(원천석)
7. 화양서원터(송시열)
8. 돈암서원(김장생)
9. 노강서원(윤증)
10. 화암서원(이지함)
11. 무성서원(최치원)
12. 필암서원(김인후)
13. 고산서원(기정진)
14. 옥천서원(김굉필)
15. 덕천서원(조식)
16. 남계서원(정여창)
17. 도동서원(김굉필)
18. 회연서원(정구)
19. 예림서원(김종직)
20. 서악서원(설총)
21. 옥산서원(이언적)
22. 금오서원(길재)
23. 도산서원(이황)
24. 소수서원(안향)

제주

표6. 1831년(고종 8) 철폐 때 남은 서원

서원 이름	주향자	소재지		서원 이름	주향자	소재지	
숭양 서원	정몽주		개성	금오 서원	길 재		선산
용연 서원	이덕형		포천	도동 서원	김굉필		현풍
노강 서원	박태보	경	과천	남계 서원	정여창	경	함양
우저 서원	조 헌		김포	옥산 서원	이언적		경주
파산 서원	성 혼		파주	도산 서원	이 황		예안
덕봉 서원	오두인	기	양성	흥암 서원	송준길	상	상주
심곡 서원	조광조		용인	옥동 서원	황 희		상주
사충 서원	김창집		과천	병산 서원	류성룡		안동
돈암 서원	김장생	충청	연산	창절 서원	박팽년	강	영월
노강 서원	윤 황	전	노성	충렬 서원	홍명구	원	금화
무성 서원	최치원	라	태인	문회 서원	이 이	황	배천
필암 서원	김인후		장성	봉양 서원	박세채	해	장연
서악 서원	설 총	경	경주	노덕 서원	이항복	함	북청
소수 서원	안 향	상	순흥			경	

소수 서원(紹修書院)

우리나라에서 가장 오래 된 서원으로 유명한 소수 서원이 자리잡고 있는 곳은 경상북도 영풍군 순흥면 내죽리이다.

영풍군은 본디 영주, 풍기, 순흥의 세 고을이 비슷한 규모로 솔밭처럼 나뉘어 오랜 역사를 이루어 왔다. 소수 서원이 있는 순흥 지방은 예전에 영주, 풍기와 규모가 비슷하였으나 지금은 면소재이다. 이곳은 인삼과 사과, 직물의 명산지이다. 그리고 낙엽송이 울창한 숲을 이루고 있어 나무의 고장이라고도 부른다. 또한 바람 많고 돌 많고 여자가 많아 내륙의 제주도라고도 한다.

몇백 년 됨직한 소나무가 울타리를 친 소수 서원 자리는 본디

숙수사(宿水寺)란 큰 절이 있던 터였다. 서원 입구에 아직 남아 있는 높이 4미터의 당간 지주는 이것을 증거한다.

송림 사이를 지나면 담장을 둘러친 서원이 나타난다. 정문으로 들어가기에 앞서 오른쪽에 경영정이란 정자가 계곡을 끼고 자리하고 있다. 선비들의 시흥을 엿볼 수 있는 필적들이 목각판에 새겨져 걸려 있다. 계곡 암벽에는 "백운동(白雲洞)"이라고 새겨진 명필이 있어 눈길을 끈다.

정문을 들어서면 강당을 바로 대하게 되고 이어서 재실들이 나타난다. 사당은 뒤쪽에 자리잡고 있다. 영정각에는 현재 국보로 지정된 안향의 영정이 보관되어 있으며 그 밖에 소수 서원에 관계된 고문서들도 많이 있다.

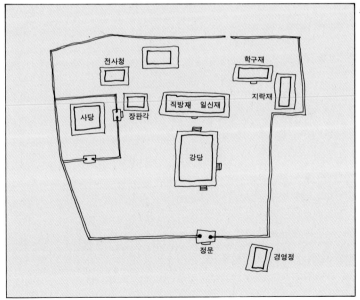

소수 서원 배치도

죽계천 서원 옆으로 흐르는 계곡으로, 큰 강을 연상하는 물줄기는 소백산에서 발원한
다.

소수 서원은 1543년(중종 36)에 당시 풍기 군수였던 주세붕이 평소에 흠모하던 회헌 안향(晦軒 安珦)의 연고지에 부임함을 계기로 그의 향리에 안향의 사당을 세우면서 비롯되었다. 다음해 주세붕은 사당 앞에 향교 건물을 옮겨 재실을 마련, 선비들의 배움터로 삼으니 이로써 서원의 대체적인 골격이 이루어졌다.

서원의 시설을 꾸밈과 더불어 주세붕은 안향 선생의 영정을 서울의 종가집에서 옮겨다 봉안하고 백운동 사당이라 하였다. 1545년에는 안축, 안보 두 사람의 영정을 모셔 백운동 서원이라 하였다. 서원에서 볼 수 있는 특징의 하나가 이같은 영정의 봉안에 있다. 조선시대에 선현을 모심에 있어서 관학인 성균관, 향교 등에서는 위패(位牌)를 모심이 보통이나 서원에서는 영정을 봉안한다. 이것은 서원에서 공부하는 선비나 원생들이 흠모하는 선현의 모습을 직접 배알케 하여 한층 더 숭배하는 마음가짐을 가질 수 있게 하기 위해서였다. 안향의 영정은 매우 섬세한 필치를 보여 주는데 평소에는 일반인에게 공개가 제한되고 있다.

이어서 주세붕은 임백령, 이언적 등의 도움을 받아 제향과 교육을 위한 재정 기반을 마련하고 서책을 구입하여 서원 문고를 설치하였다. 그리고 주세붕 자신도 종종 서원에 들러 고을의 선비들과 어울려 성리학의 강론에 직접 참여하기도 하였다.

그 뒤 안향의 후손인 안현이 경상 감사로 부임하면서 서원은 도약의 계기를 맞는다. 안현은 경상도 각 고을에 협조를 요청, 서원에서 일할 노비와 제수에 쓰일 식량, 어염 등을 확보하였다. 그리고 서원의 관리와 운영을 위한 운영 규정을 정했다. 서원의 원장 임명 문제, 원생의 정원수, 제향 절차 등이 상세히 규정되었다. 이렇게 해서 토대가 굳어진 백운동 서원은 당시 30결 곧 9만 평 정도의 전답을 보유하고 있었고 어장과 염분 그리고 보미(寶米)도 운영하고 있어서 그 운영이 순조로웠다.

영정각 내부 영정각에는 국보로 지정된 회헌의 영정과 편액, 행렬도, 고문서 등이 보관되어 있다.

    백운동 서원은 1550년(명종 5) 퇴계 이황이 풍기 군수로 부임하면서 보다 확충되었다. 부임 즉시 주세붕의 정신을 이어받아 서원의 기반을 강화함에 힘썼다. 먼저 서원의 격을 높이고자 송나라 때의 예를 들어 나라에 서원에 대한 합법적 인정과 정책적 지원을 요청하니 당시 임금인 명종은 친필로 쓴 '소수 서원(紹修書院)'이란 편액을 하사하고 아울러 4서 5경, 성리대전 등의 서적과 노비를 급여하였다. 이것을 선례로 하여 그 뒤 각지에 설립된 서원들은 사액을 요청하였다. 사액 곧 국가의 인정을 받는다는 것은 서원의 사회적 지위를 높이는 것일 뿐만 아니라 면세, 면역의 특전을 누릴 수 있는 실질적인 이득이 따랐다.

숙수사터 당간 지주 절의 깃발을 세울 때 쓰는 버팀 기둥이다. 이로써 이곳이
절터였음을 알 수 있다.

이황은 또 서원의 원생들이 배움에 충실하도록 학업 규칙을 정해
배움의 장으로서의 서원의 위치를 공고히 함에 힘썼다. 그는 서원을
통해 학문을 깊이 연마하고 후진을 양성할 수 있기를 바랬다. 그것
은 궁극적으로 향촌 사회를 교화하고 도학을 선양하는 길이라고
퇴계는 생각하였다.

소수 서원에 배향된 안향은 그로 인하여 최초로 성리학의 배움터
가 마련될 만큼 한국 성리학사에서 그 위치가 분명하다. 그는 단순
히 성리학을 소개만 한 것이 아니었다. 안향이 성리학이라는 새로운
학문을 접한 것은 1290년(충렬왕 16)경 원나라에서였다. 그는 거기
에서 우연히 주자가 쓴 「주자전서(朱子全書)」를 읽게 되었다. 그

백운동 각자 이곳이 백운동임을 밝히기 위해 암벽에 새긴 글씨이다. "敬"자는 유학자들이 심성을 수양할 때 지표로 삼는 경구이다.

이론의 새로움에 매료된 안향은 「주자전서」를 곧 복사하였을 뿐 아니라 공자와 주자의 초상을 그려 가지고 귀국하였다. 이를 계기로 우리나라에 최초로 성리학이 전래되었다. 이 땅에 처음으로 우주와 인간에 대한 철학이 소개된 것이다. 안향은 성리학에 심취하였다. 그는 주자의 회암(晦庵)이라는 호를 본따 자신의 호를 회헌이라 짓기도 하였다. 그는 성리학을 전수하기에도 힘썼다. 권부, 우탁, 이곡, 백문보, 이제현 등이 그에게서 성리학을 일깨움받았다.

충렬 서원(忠烈書院)

고려의 마지막 신하라면 포은 정몽주(圃隱 鄭夢周)를 연상하게 되고 또한 정몽주가 이방원에게 응답하던 시구가 생각난다.

이 몸이 죽고 죽어 일백번 고쳐 죽어
백골이 진토되어 넋이라도 있고 없고
임향한 일편단심이야 가실 줄이 있으랴

고려를 지키고자 몸부림치던 그는 선죽교에서 이방원이 보낸 자객에게 철퇴를 맞아 죽었다. 그의 고향인 경상도 영천의 양지바른 산기슭에 묻고자 시신을 싣고 가다가 경기도 광주 풍덕천에 이르렀을 때 상여가 땅에 붙어 떨어지지 않았다. 게다가 맑았던 하늘에 구름이 끼고 돌풍이 일어나 정몽주의 명정이 날아가서 지금의 묘소 자리에 떨어졌다. 이에 후손들은 그의 묘소를 여기에 마련하고 그 주변에 모여 살게 되었다. 이곳 능원리 일대에는 명당 자리가 많다고 하여 지금도 크고 작은 무덤이 온 산을 덮고 있다.

16세기에는 성리학에 관심이 높아지고 그 배움의 장인 서원이 여기저기에 생겨나면서 '동방 성리학의 할아버지'로 일컫는 포은 정몽주를 받들어 모시고자 하는 움직임이 일어났다. 그리하여 묘소 인근에 1576년(선조 9) 충렬 서원이 세워지고 1609년, 나라에서는 편액을 하사하면서 지원을 아끼지 않았다.

광주산맥의 한 능선인 문형산 자락에 위치한 충렬 서원은 선조 때 창건되었으나 흥선 대원군에 의해 훼철되어 그 뒤 다시 중건하였다. 서원의 건물 구조는 영남 지방의 그것과 달리 단순한 모습을 띠고 있다. 이는 기호 지방의 다른 서원에서도 쉽게 엿볼 수 있다.

서원은 경사지에 사당과 강당을 중심으로 재실이나 장경각, 교직

충렬 서원 배치도

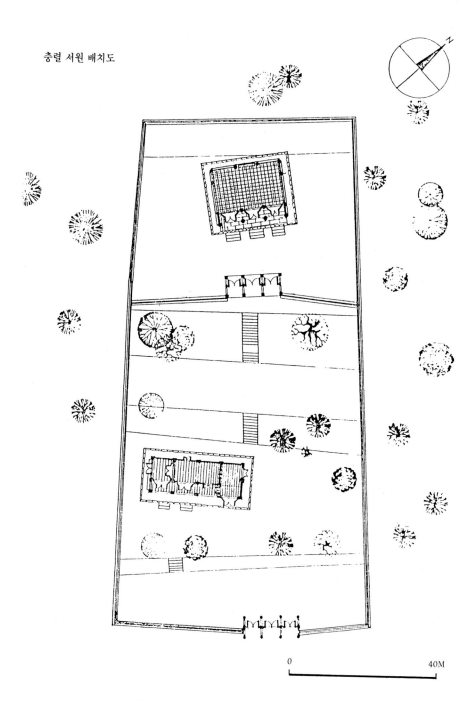

0   40M

충렬 서원 현판
1609년(광해군
1) 나라에서
하사한 현판으로
글씨가 독특하
다.(왼쪽)
사당 정면 3칸,
측면 2칸으로
지붕은 맞배지붕
이며, 양 박공면
에는 바람막이판
을 설치하였다.
(아래)

하마비 누구를 막론하고 이곳부터는 말에서 내려 몸가짐을 바로하고 참배해야 했다.

사 등이 배제된 변형된 구조이다. 18세기 이후 서원이 제향 중심의 시설로 바뀌면서 교육 공간이 무의미해지고 강당 역시 교육 공간보다는 제향시에 모임 장소로 기능해 갔기 때문이다. 특히 충렬 서원은 일정한 중심축이 없어 외삼문에 들어서면 강당과 사당이 동시에 보인다. 한마디로 충렬 서원은 제향적 서원이다. 정몽주의 덕망을 기리고 그의 행적을 흠모하기 위해 서원이 세워졌기 때문에 참배하고자 하는 선비들의 발길은 예부터 끊이지 않았다.

포은은 고려 사회의 문제점을 근원적으로 해결해 고려를 구하려고 노력했다. 우선 흐트러진 사회 질서를 바로잡는 데 힘썼다. 국가의 기틀은 사회 질서의 바름에 있다고 보았다. 사람들이 저마다 지켜야 할 바를 바로 지킨다면 사회는 안정된다고 보았으며 이를 위해 성리학적 질서를 그는 강조하였다. 「주자가례」의 시행을 주창

포은 묘소 충신의 묘소라서인지 멀리 개경을 바라보고 눈물짓는 듯하다. 북향이다.

하였고, 가묘(家廟)를 실제 시설하기도 했다. 뿐만 아니라 성리학에서 특히 강조하는 의리와 명분을 몸소 실천하여 도학이 성리학이요, 성리학이 도학임을 입증하였다. 그의 뜻은 길재에 의해 영남 지방에 씨를 뿌렸다.

　서원에는 포은의 영정과 더불어 숙종이 친히 쓴 현판, 포은의 친필 서간문, 단심가 판목, 송시열의 서간문 등 유물이 보관되어 있다. 그리고 사당에는 병자호란 때 강화에서 순절한 이시직을 추배하고 있다.

예림 서원(禮林書院)

밀양 아리랑, 백중놀이, 용호놀이, 게줄다리기 등 민속 놀이가 다양하게 보존된 밀양 고을에서 점필재 김종직(佔畢齋 金宗直)은 태어났다. 그는 길재에게서 배움을 익힌 아버지 김숙자의 공부를 이어받아 영남 땅에 굵은 학문의 덩어리를 쌓았다.

김종직은 조선조 유학계에서 중요한 위치에 있던 영남학파의 산파역으로서 주목받고 있다. 그가 영남에 학문의 보금자리를 만들어 김굉필, 정여창, 김일손 등 수많은 선비를 배출하였기 때문이다. 그는 사사로이 글방을 차려 유풍(儒風)을 크게 일으켰으므로 이른바 영남학파가 그에 이르러 가지를 뻗었던 것이다. 그럼에도 불구하고 그에 대하여 깊은 이해가 없는 것은 그가 남긴 글들이 무오사화 때 모두 불타 없어진 데 연유한다.

김종직은 배움에 임하여 독실하였다. 그는 평소 마음의 평정함과 고요함을 얻는 데 온 힘을 쏟았다. 마음 자세가 행동의 토대라고 여겼기 때문이다. 학문뿐 아니라 벼슬에 임해서도 매사에 성실하였기 때문에 성종은 그를 매우 총애하였다. 형조 판서, 지충추부사, 경연관 등을 역임하며 임금을 바로 보좌하고자 힘썼다. 김종직은 깊은 학문과 높은 벼슬에도 불구하고 삶은 순탄치 않았다. 여러 차례 귀양살이를 했으며 '조의제문'이 무오사화 때 문제가 되어 그가 죽은 뒤 부관참시를 당하기도 했다.

경상남도 밀양군 부북면 후사포리에는 이같은 김종직의 넋을 기리는 예림 서원이 있다. 1567년(명종 22) 영남의 선비들이 그의 덕망을 추모하여 서원을 세우고 이곳에 모여서 학문을 토론하였다. 그러나 옛건물은 흥선 대원군에 의해 헐리고 현재의 건물은 그 뒤에 다시 복원한 것이다.

도동 서원(道東書院)

조선 왕조의 토대가 굳어지면서 유교의 위치도 확고해지자 성리학은 더욱 다양하게 발전되었다. 안향에 의해 전해진 성리학은 정몽주에 의해 비로소 소화되고 길재에 이어져 영남 지방에 성리학의 씨가 뿌려졌다.

심오하고 오묘한 성리학의 진리는 길재에서 다시 김숙자, 김종직을 거쳐 한훤당 김굉필(寒暄堂 金宏弼)에게 계승, 영남학파를 배태하였다. 김종직이 영남의 사학을 크게 일으켜 김굉필, 정여창 등 수많은 학자를 배출한 교육자였다면, 김굉필은 학문의 내적 기반을 보다 공고히 한 도학의 창시자였다. 그리하여 그는 문묘에 종사된 동방 5현의 선두 주자가 되는 영광을 차지하였다. 후학들이 선생의 큰 뜻을 기리고자 선생이 공부하고 가르치던 자리에 서원을 마련하니, 현풍의 도동 서원이 그곳이었다.

도동 서원이 위치한 곳은 경상북도 달성군 도동리이다. 이곳은 대구에서 직선거리로 서남방 27킬로미터 지점이며, 현풍에서는 7킬로미터에 이른다. 서원의 뒤쪽에는 대니산이 자리잡고 있고 앞에는 낙동강이 동북쪽에서 흘러내려 서원이 자리잡은 마을을 끼고 서남쪽으로 휘몰아가고 있다. 강 건너에는 고령군 개진면 일대의 평야가 시야에 들어온다.

서원이 위치한 곳은 도동동 뒷산 기슭의 활같이 휘어져 돌출된 구릉으로서 터전은 평지와 같이 다듬어졌으나 건물은 지형 때문에 경사지에 전체적으로 북향으로 놓였으며 배산 임수의 모습을 띠고 있다.

서원이 건립된 것은 1568년(선조 1)이었다. 고을의 선비들이 서원의 건립을 추진하였는데, 이 소식을 전해들은 전국 각지의 선비들이 적극 지원하여 이루어진 것이다.

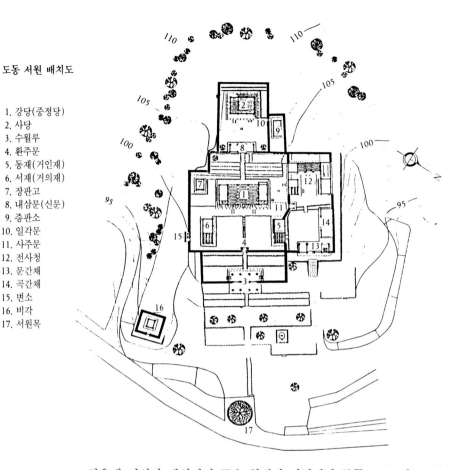

도동 서원 배치도

1. 강당(중정당)
2. 사당
3. 수월루
4. 환주문
5. 동재(거인재)
6. 서재(거의재)
7. 장판고
8. 내삼문(신문)
9. 증판소
10. 일각문
11. 사주문
12. 전사청
13. 문간채
14. 곡간채
15. 변소
16. 비각
17. 서원목

처음에 서원이 세워졌던 곳은 현재의 서원에서 동쪽으로 9킬로
미터쯤 되는 비슬산 동쪽 기슭 쌍계동이다. 때문에 서원의 처음 이름
은 쌍계 서원(雙溪書院)이라 불렀다. 그러나 이 서원은 임진왜란
때 왜군의 방화로 불탔다. 고을의 선비들은 전쟁이 끝나자 곧 서원
의 중건을 서둘러 현재의 서원이 자리하고 있는 곳에 터를 잡았다.
서원의 중건에 앞장선 이는 한훤당의 외증손이며, 그의 학문을 이어
받은 한강 정구(寒岡 鄭逑)였다. 그는 사당과 강당을 옛모습에 의거
하여 다시 짓고 나라에 사액을 요청하였다. 그리하여 나라에서는
'도동 서원(道東書院)'이란 현판을 하사하였는데 글씨는 명필 한석
봉이 썼다.

도동 서원 현판 명필 한석봉의 글씨이다.

1626년(인조 4)에는 서원 앞 서쪽 언덕에 신도비가 세워졌다. 그 뒤 서쪽 담장 밖에 김종직의 제자인 곽승화, 배신 등을 제사지내는 별사도 세웠는데 이것은 흥선 대원군의 서원 정리 때 철훼되었다. 1678년(숙종 4)에는 서원 경영에 남다른 공적을 쌓고 한훤당의 문집을 편찬하는 것에 힘쓴 정구의 위패를 추가로 배향하였다.

서원은 산기슭에 세워져 경사지를 잘 활용하였다. 강가로 포장된 도로를 따라 가면 서원 입구에 이르는데, 길가에 큰 은행나무 한 그루가 서 있어 이정표 역할을 한다. 서원을 향하여 자연석 계단을 딛고 경내에 오르면 수월루라는 누각에 이른다. 이는 철종 때 세운 것으로 정문이면서 휴식 공간으로 사용된다.

중앙에 설치된 좁고 가파른 계단을 오르면 교육 공간의 입구인 환주문에 도달한다. 환주문 정면으로 마당 건너에 정면 5칸의 강당이 있는데 '중정당'이란 현판이 걸려 있다. 마당 좌우에는 서로 마주

수월루 도동 서원의 정문이면서 누각이다. 경사지를 자연스럽게 층단으로 조성한 위에 누를 세웠는데, 그 모습이 우람하여 시선을 끈다.

보며 동, 서재의 재실이 있는데 거인재, 거의재라 하였다. 강당 왼쪽 모퉁이에는 정면 2칸의 장판각이 있고, 오른쪽에는 따로 담장이 둘려진 전사청이 자리하고 있다. 강당 뒤로 계단을 다시 올라 내삼 문을 지나면 사당이 나타난다.

서원의 건물들은 기능에 따라 진입 공간, 교육 공간, 제향 공간 그리고 부대 시설의 네 영역으로 나누어졌는데 모두 담장에 의해 구획되어 있다. 일직선의 중심축 선상에 주요 건물을 배치하여 기능에 따라 공간을 분화시킨 배치 구도와 자연의 지형, 지세를 그대로 이용하여 건물의 위계 질서를 잡고자 한 도동 서원은 전형적인 서원의 건축 구조를 보여 준다.

도동 서원에 모셔진 김굉필은 평생토록 주자의 「소학」을 읽고 실천하여 소학 동자(小學童子)로 자처하였다. 어려서는 호탕하여 놀기를 좋아하였으나 장성하면서 깨우침을 받고 분발하여 학문에 힘썼다. 일찍이 사마시에 급제하였으나 벼슬에 뜻을 두지 않고 공부에 전력하는 한편 교육에만 힘썼다. 41세 때 주위의 천거로 남부 참봉이 되고 이어서 사헌부 감찰, 형조 좌랑을 지냈다. 1498년(연산군 4) 무오사화가 일어나자 김종직의 제자라고 하여 연루되어 평안도 희천으로 귀양갔다. 그 뒤 전라도 순천으로 옮겨 귀양살이를 하던 중 갑자사화 때 50세로 사사되었다.

김굉필은 도학을 일으켜 후생을 바로 인도하는 것을 자기의 임무로 삼았다. 멀고 가까운 곳에서 소문을 듣고 따르는 사람들이 모여 들어서 마을의 집집마다 학도들로 꽉 차 있었고, 자리가 비좁아서 모두 수용할 수 없을 정도였다. 귀양지까지 배움을 청하러 왔으며 그의 수제자인 조광조는 평안도 희천까지 찾아가 가르침을 받았다. 그의 가르침은 오직 지성에 있었다.

공부를 했어도 기본을 몰랐는데
소학을 읽고 어제의 잘못을 깨달았어라.
이제부터 정성껏 자식 구실하려 하니
구구하게 어떻게 가멸차길 바라리오.

남계 서원(藍溪書院)

소수 서원 다음으로 현존하고 있는 서원 건축물 가운데서 오랜 서원이 남계 서원이다. 일두 정여창(一蠹 鄭汝昌)을 배향하고 있는 남계 서원은 경상남도 함양군 수동면 원평리에 자리하고 있다.

서원의 건물들은 16세기 중엽에 세워졌는데 다른 서원과는 달리 정문이 설치되지 않고 누각이 정문을 겸하고 있다. 누각을 지나면 동, 서의 재실이 좌우에 마주보고 있고 '명성당(明誠堂)'이라는 강당이 다가온다. 강당 뒤로 사당이 있어 정여창과 강익, 정온의 세 사람을 받들어 모시고 있다. 그 주변에 전사청이 있고 서재 뒤쪽으로 별도의 담장으로 둘러친 교직사들이 시설되어 있다. 사당 뒤쪽 산기슭에 일두 정여창의 무덤이 있다.

남계 서원 배치도

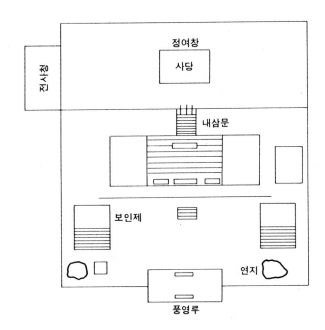

함양 고을의 노인들은 이곳을 자랑할 때는 으레 "좌강 안동이나 우강 함양이다"라는 말을 한다. 곧 좌는 낙동강의 동쪽 땅을, 우는 낙동강의 서쪽 땅을 가리킨다. 따라서 이 말은 낙동강 동쪽에서는 안동이 훌륭한 인물을 많이 낳았다면, 낙동강 서쪽에서는 함양이 그러한 곳이라는 뜻이다.

'우강 함양'의 기틀을 이룬 이가 일두 정여창이다. 그는 1450년 (세종 32) 서원에서 서북쪽으로 5킬로미터쯤 되는 지곡면 개평리에서 태어났다. 그가 배움에 임할 때 마침 김종직이 함양 군수로 있었다. 그리하여 김종직에게 나아가 글을 배웠다. 그러나 거기서 머무르지 않고 지리산에 들어가 3년 동안 5경을 연구하여 그 깊은 경지를 체험하고 성리학의 본원을 밝힘으로써 드디어 학자로서의 길을 걷기 시작했다.

남계 묘소 '여창'이란 이름은 명나라 사신이 능히 가문을 일으킬 만하다고 하여 지어 주었다 한다. 죽은 해에 부관 참시 되었다.

남계 서원 입구 홍살문을 지나 저 멀리 서 있는 외삼문이면서 누각인 풍영루가 내방객을 반기고 있다. (오른쪽)

남계 서원 앞뜰 뜰 귀퉁이에 있는 연못에는 연꽃이 탐스럽게 피었다. 남계는 연꽃을 좋아하여 재실 이름도 애련헌(愛蓮軒)이라 하였다.(옆면)

정여창은 8세 때 아버지를 여의고 홀어머니를 모시고 살았는데, 효성이 지극하여 조금도 그 뜻을 어기지 않았다고 한다. 1490년 (성종 21) 학덕이 뛰어나다고 하여 천거되어 소격서 참봉이 되기도 하였으나 벼슬에 연연하지 않았다. 벼슬에 임해서도 강직한 선비의 자세를 잃지 않았다. 일을 처리함에 매우 공정하였으므로 누구나 말하기를 '속일 수 없는 사람'이라고 하였다.

연산군이 왕위에 오르고 무오사화가 일어나 김종직이 화를 입자 이에 연루되어 함경도 종성으로 유배되었다. 하지만 그는 배소에서

도 전혀 동요됨이 없이 그곳의 자제들을 모아 가르쳤다. 그 뒤 갑자
사화가 일어나 그의 가장 가까운 친구인 김굉필이 사사될 때, 그
역시 부관참시를 당했다.

정여창의 학덕은 한국 성리학사에 있어 하나의 큰 자취를 남겼으
니 이로 인하여 김굉필, 조광조, 이언적, 이황과 함께 5현으로 인정
되어 문묘에 배향되었다.

남계 서원 전경 목백일홍으로 감싸인 큰 건물이 강당인 명성당이다. 저 멀리 남계천 건너 산 밑으로 남계가 살던 개평리가 보인다.

심곡 서원(深谷書院)

도학적 이상 정치를 구현하려다가 희생되었던 정암 조광조를 받들어 모시고 있는 곳이 심곡 서원이다. 비록 서원의 건축물로는 단조롭게 시설되어 있지만 심곡 서원은 정암의 뜻을 오늘에 이어 주고 있는 유일한 곳이다.

서원의 구조는 단조롭다. 경사지에 외삼문, 강당, 내삼문, 사당을 잇는 중심축을 중심으로 배치된 전형적인 서원 건축의 구조를 보이고 있다.

서원은 경관이 수려한 곳에 위치하여 선비들의 심성 도야에 특히 주안점을 두었기 때문에 일반적으로 평지보다는 경사지에 위치하는 경우가 많았다. 심곡 서원도 광교산, 형제산에서 이어지는 구릉을 배경으로 경사지에 자리잡고 있다. 따라서 입구에서 계단을 올라 외삼문을 들어서면 담장으로 둘러진 넓은 교육 공간에 정면으로 강당이 나타난다.

심곡 서원은 다른 서원과 달리 재실이 없다. 비록 그 위치에 있어 서는 자유롭더라도 동, 서의 재실이 강당을 중심으로 자리하고 있는 것이 일반적인 서원이다. 심곡 서원의 건물 구조가 단순화된 것은 서원의 성격 변화와 연관되는 것으로 조선 후기에 이르러 제향 위주로 서원이 주목되면서 재실의 의미가 적어진 때문이다. 그리하여 사당 중심으로 건물이 배치되었고 주변에 장서각, 교직사 등이 필요에 의해 마련되어 있다.

「소학」의 참뜻을 몸소 실천하고자 했던 김굉필의 의도는 조광조에 이르러 구체화되었다. 조광조가 스승 김굉필을 만난 것은 김굉필이 무오사화로 화를 입고 유배되어 있던 평안도 희천 땅에서였다. 그는 스승의 뜻을 좇아 「소학」의 연마에 힘썼다. 연산군이 폐위당하고 중종이 즉위하는 반정이 단행되어 새로운 정치가 요청되었고

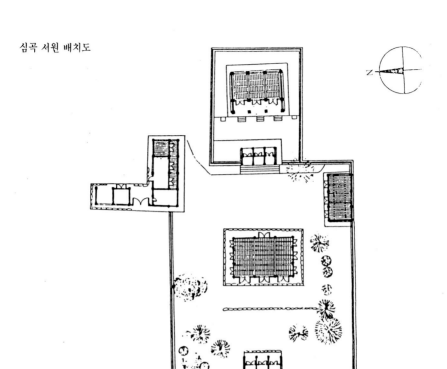

0 _____ 40M

새로운 인물이 요구되었다. 조광조의 시대가 온 것이다.

조광조가 본격적으로 벼슬길에 오른 것은 1515년(중종 10) 그의 나이 34세 때였다. 사헌부 감찰, 사간원 정언, 호조 좌랑, 홍문관 부제학, 사헌부 대사헌 등 그의 벼슬길은 순풍에 돛단 듯하였다. 그러나 너무 급진적이고 이상에 치우친 그의 꿈은 임금을 지치게 하고, 대신들의 미움을 사게 하여 집권 5년 만인 1519년, 38세의 나이로 탄핵을 받아 사사되기에 이르렀다. 비록 짧은 기간이었지만 그가 행하고자 한 것은 매우 혁신적인 것이었다.

심곡 서원 광교산 자락 경사지를 평탄하게 조성하여 건립하였다. 다른 서원과 달리 재실이 없는 것이 특징이다.

조광조는 유교적인 도덕 국가의 건설을 그의 정치적 목표로 삼고 있었다. 이러한 움직임은 당시 선비 사회의 일반적 이상이었다. 선비들이 충실히 신봉하고 있었던 성리학에서는 도덕과 의리를 숭상하는 것이 특색이었다. 그는 먼저 미신을 타파하고자 하였다. 그리고 유교적 도덕을 장려하고자 향약을 실시하였다. 또 현량과를 시행하여 재주있는 선비를 뽑아 일을 맡겼다. 그리고 권세와 탐욕에 눈이 먼 공신들을 제거하고자 했다. 그러나 이러한 일들은 너무나 저돌적인 행동이었으므로 결과적으로 죽음을 부른 조처였다. 그는 쌓이고

심곡 서원 외삼문 비교적 단조로운 구조를 가진 심곡 서원은 외삼문, 강당, 내삼문, 사당을 잇는 중심축을 중심으로 배치된 전형적인 서원 건축의 구조이다.

쌓인 사회적 부조리와 타락한 정치 현실을 하루 아침에 개혁해 보려 했으나, 그의 사상은 당시의 현실 특히 보수적 위정자들과는 거리가 있는 것이었다. 안목이 깊지 않았던 중종과 그의 측근들로서는 조광조의 깊은 뜻을 이해하지 못하였다.

운계 서원(雲溪書院)

서원이 교육적 시설이었음을 잘 보여주는 곳의 하나가 경기도 양평의 용문산 기슭에 자리한 운계 서원이다. 운계 서원은 명종 때의 학자 우암 조욱(愚菴 趙昱)의 덕망을 추모하기 위하여, 조욱이 평소에 공부하고 가르치던 자리에 1558년(명종 13) 그 제자들이 세운 서원으로서 제자들도 계속 이곳을 터전으로 하여 후학을 배출하였다.

조욱은 19세 때 생원시, 진사시에 모두 합격하여 순릉·영릉 참봉을 지내며 장래가 기대되던 사람이었다. 그러나 기묘사화로 인하여 스승 조광조가 화를 입음을 보고 세속과 인연을 끊고자 용문산 속으로 몸을 피하였다. 스승의 뜻을 따르면서 오로지 성리학 연마에 힘쓰니, 어느새 그의 명망이 알려졌고 그리하여 많은 선비들이 가르침을 받고자 찾아왔다. 사람들은 그를 용문 선생이라 불렀다. 그는 화담 서경덕, 퇴계 이황, 모재 김안국 등과도 벗하며 서로 오갔다.

운계 서원 현판　1714년(숙종 40) 사액되었는데, 일반적으로 서원의 현판이 해서체인 데 반해서 이것은 행서체이다.

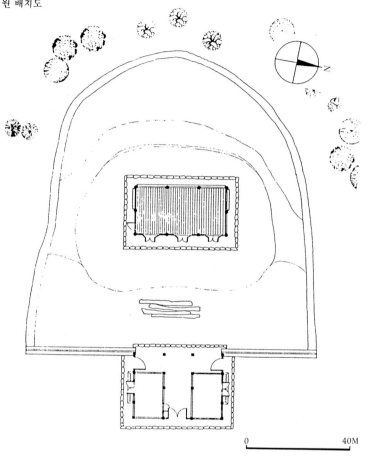

0   40M

  서원에 함께 배향된 그의 형 양심당 조성(養心堂 趙晟)도 성리학에 밝았다. 조성은 성리학뿐 아니라 천문, 지리, 의학, 법률, 수학 등에도 정통하였고 글씨에도 능하였다.

  서원 건물은 덕촌리 앞을 흐르는 계곡 건너 서쪽 산 중턱 한적한 곳에 자리잡았다. 현재는 재실 한 채와 사당뿐으로서, 원래 있던 건물이 철훼되어 오랫동안 방치되었던 곳에 새로이 지은 것이다.

운계 서원 사당 당호가 달리 없다. 팔작지붕으로 첨차에 칠한 단청이 산뜻하며 주초석
과 장대석이 매우 우람하다.

평평한 대지의 좀 낮은 곳에 정면 3칸의 재실을 짓고 그 뒤로 사당
을 배치하였는데, 매우 단조로운 모습이다. 사당에는 '운계 서원
(雲溪書院)'이란 현판이 걸려 있다. 남아 있는 주초석, 장대석 들을
보면 당초에는 제법 규모가 큰 건물이었다고 보여진다.

　현재 서원은 완전히 제향 시설로 변하여 평양 조씨 문중에서 관리
하고 있는데 재실에는 숙종 때 하사된 현판 등 유물이 보관되어
있다. 서원에서 조금 떨어진 산기슭에는 용문 선생이 평소에 소풍하
면서 심기를 다스리던 세심정(洗心停)이란 정자가 홀로 서서 후학들
을 반기고 있다.

옥산 서원(玉山書院)

6·25 동란은 우리 역사상 가장 비참한 전쟁 가운데 하나였다. 곳곳에서 격전이 벌어져 동족이 동족을 살상하였다. 그 가운데서도 경상북도 월성군 안강읍은 가장 치열한 격전지의 하나였다. 안강 지방은 당시 동북쪽의 최종 방어선으로서 학도 의용병이 가장 많이 희생된 곳이었다.

회재 이언적(晦齋 李彦迪)의 유덕이 어린 옥산 서원은 바로 이곳 안강읍에서 서북쪽으로 약 7킬로미터 떨어진 산자 수려한 곳에 자리하고 있다. 인구 3만 명이 조금 넘는 안강읍은 경주, 대구, 포항의 세 방면과 연결되는 교통의 요지로서 인근 안강 평야에서 생산된 농산물의 집산지이기도 하다. 안강 평야는 형산강을 젖줄로 하여 도내 최고의 곡창 지대를 이루고 있다.

옥산 서원 배치도

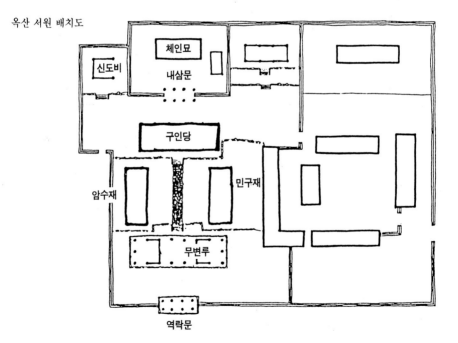

옥산 서원의 한옥들은 사적 154호로 지정되어 있으며 이언적의 거처였던 독락당도 이곳에 있다. 산좋고 물맑은 주위의 전경은 일찍이 노계 박인로가 선생을 사모하며 찾아와 이곳의 아름다운 경치를 읊었다던 그 옛모습을 되새기게 한다.

서원의 뒷배경으로 자옥산이 있다. 이언적이 자옥산을 찾은 것은 그가 사간이 되어 김안로의 횡포를 막고자 하다가 잘 안 되어 낙향하면서였다. 그는 곧 자옥산 기슭에 자그마한 집을 지은 뒤 그곳의 정경을 사랑하고 또 고독을 달래고 홀로 즐긴다는 뜻으로 집의 이름을 독락당(獨樂堂)이라 하였다. 이후 그는 만년을 독락당에서 세상을 사절하고 오직 서책에만 탐닉하며 학문을 익혀 갔다.

그의 배움터와 배움의 모습을 보여 주는 것이 옥산 서원에 수장된 많은 서책이다. 옥산 서원의 문고는 현재 두 곳에 나누어 관리되고 있다. 하나는 서원 경내에 있는 어서각 소장본(御書閣所藏本)이고, 다른 하나는 회재의 사저였던 독락당에 있는 소장본이다. 어서각 소장본은 국왕이 서원의 발전을 기리는 뜻에서 하사한 책들로서 503종, 2847책이다. 독락당 소장본은 회재가 공부하면서 구입한 책들로서 363종, 1264책인데 그의 친필로 된 수택본을 비롯하여 당시 그와 교유하던 선현들의 친필본도 많다.

옥산 서원은 현존하는 서원 문고 가운데 많은 책들을 보유하고 있다. 보관된 책 가운데에서도 1513년에 간행된 「정덕계유사마방목(正德癸酉司馬榜目)」은 현재까지 발견된 활자본으로서는 가장 오래 된 책으로서 보물 542호로 지정되고 있다. 그 밖에 「삼국사기」 「해동명적」 「이언적수필본」 등도 귀중한 도서로서 보물로 지정되고 있다. 옥산 서원에서는 그동안 많은 변란을 거치는 중에도 문고 보존에 세심한 주의를 기울여 오늘까지 유지되고 있다.

이와 같이 서원에서는 많은 서책을 준비하여 원생의 강학과 독서의 편의를 위해 노력하였다. 서원에 문고가 설치되고 그것이 충실하

계정(溪亭) 옥산 서원에서 1킬로미터쯤 떨어진 독락당에 부설된 정자이다. 회재는 계곡의 흐르는 물에서 진리를 찾으려 했던 것이다.

게 역할을 하였다고 함은 실로 서원의 교육적 기능을 해명해 주는 좋은 증거이다. 어떤 이들은 조선조에 있어 서원은 악의 소굴이요, 당쟁의 씨앗인 것처럼 비난하고 있으나 한국 성리학의 발달은 서원을 중심으로 전개되었다. 수많은 선비와 학자들이 서원 속에서 커 갔고 서원을 찾아 배움을 익혔다.

옥산 서원이 창건된 것은 1573년(선조 6) 회재 이언적이 세상을 뜬 지 20년이 되어서였다. 당시 경주 부윤이었던 이재민은 안강 고을의 선비들과 더불어 선생의 뜻을 기리고자 독락당 아래에 사당을 세우고 이어서 나라에 요청하여 '옥산 서원(玉山書院)'이란 편액과 서적을 하사받았다.

옥산 서원 내삼문 삼문에 이어진 토담은 흙덩이를 빚어 담을 쌓으면서 깨진 기와로 켜를 놓아서 멋진 장식 효과를 주고 있다.

서원의 구조는 전형적인 서원 건축으로 소박하면서도 간결한데 중심축을 따라서 문루, 강당, 사당이 질서있게 배치되고 있다. 외삼문인 역락문을 들어서면 무변루라는 누각이 나타나고, 이어서 계단을 오르면 마당이 전개된다. 정면에는 구인당이란 당호의 강당이 자리잡고 있고 좌우에는 민구재, 암수재의 동, 서 재실이 있어 원생들이 기숙하고 있었다. 강당을 옆으로 돌아서서 뒤로 가면 체인묘(體仁廟)라는 사당이 나타난다. 주변에 장판각, 전사청, 신도비 등이 나름대로 자리잡고 있다.

사당에는 이언적의 위패가 모셔져 있다. 이언적의 원래 이름은 이적이었으나 중종의 명령에 의하여 '언(彦)'자 하나를 더하여 언적이라 하였다. 그는 일찍이 아버지를 잃고 외가에 의탁하는 불행한 소년기를 보냈는데, 이로 인하여 외숙 손중돈의 가르침을 받게 되었다. 손중돈은 김종직의 문인으로서 선정으로 크게 이름을 날린 선비였다.

23세 때 과거에 합격, 벼슬길에 나선 이언적은 학식이 풍부하여 당시 중종 임금의 총애를 독차지하였다. 그리하여 성균관 대사성, 사헌부 대사헌, 홍문관 부제학, 한성부 판윤 그리고 이조, 예조, 형조의 판서를 역임하였다. 무엇보다 회재는 성리학 연구에서 독특한 자기 이론을 내세워 더 유명하다. 그의 학문은 '태극론(太極論)'이 본질을 이루고 있는데 이는 도가 만물의 근원이 된다는 것이다. 곧 "군자의 길은 지극히 가까운 것이며 실(實)에서 시작한다. 기본을 바로 이해하면 된다"는 것이다. 그는 정치에 있어서도 이같은 성리학의 이념 아래 세계를 건설해 보고자 하였다. 곧 구체적으로 민본을 실천해 보고자 하였다.

이언적은 봉건적 지배 질서를 유지하려는 도덕적 가치 체계의 확립을 위해서도 민(民)의 존재를 근원적 이유에서 인식하고자 하였다. 백성은 국가의 근본이니 근본이 굳건해야 국가가 안정된다. 백성은 국가에 의존하고 국가는 백성에 의존하는 것이니, 그 백성을 사랑하지 않고서 국가를 보전할 자는 없다고 하면서 백성의 존재에 절대적 의미를 부여하였다.

훈구 세력이 왕권을 제어하고 독단으로 정권을 휘어잡고 있는 상황에서 그의 주장이 뜻대로 실현되지 못했다. 오히려 그 자신이 수차에 걸쳐 화를 입어야 했다. 그렇지만 그가 수립한 이데올로기의 이념적 체계화는 사림 세력의 사상적 기반이 되었고, 곧이어 사림 세력은 정치의 주역이 되어 그의 존재가 주목된다. 특히 그의 학문은 퇴계 이황으로 이어져 영남의 사림들 사이에서 빛을 발하게 되었으니, 그를 흔히 영남학파의 창시자라고 한다.

이언적의 얼이 깃든 옥산 서원은 막강한 권력을 자랑하며 전국의 600여 개소 서원에 철퇴를 가하였던 흥선 대원군까지도 손대지 못하게 하였다. 불행히 일제 말기에 화재를 만나 옛건물이 거의 소실되었으나 곧 복구되어 오늘에 이르고 있다.

도산 서원(陶山書院)

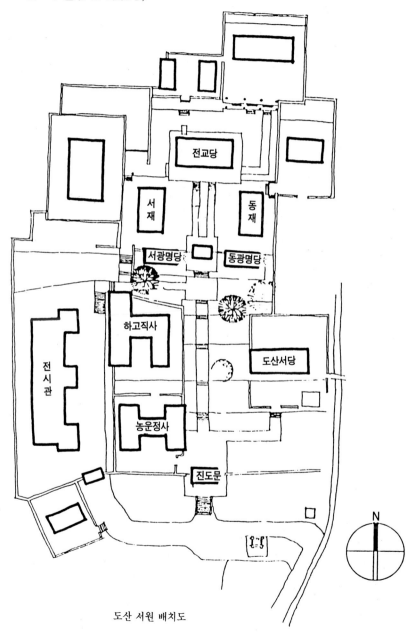

도산 서원 배치도

도산 서원 앞 전경 낙동강의 세류는 안동댐이 생기면서
큰 호수를 이루고 있다. 물 가운데 솟아 있는 봉우리는
정조가 퇴계의 덕을 추모하여 과거를 보았던 시사단이다.

도산 서원은 한국 유학사에서 큰 별이라고 하는 퇴계 이황을 모신 곳이다. 그리하여 예전에는 선비들이 한번쯤은 찾아보기를 소원했던 곳이고 지금도 관광객의 발길이 끊이지 않는다. 안동시에서 이곳에 이르는 비좁던 산길이 포장도로로 바뀌고, 건축물들이 말끔히 단장되어 선비의 배움터로서의 정취를 잃고 있는 도산 서원은 안동시에서 동북쪽으로 28킬로미터쯤 떨어진 도산면 토계동에 자리하고 있다.

도산 서원을 살펴보려면 우선 안동으로 가야 한다. 안동은 태백산 맥의 가지 하나가 감싸면서 이루어 놓은 분지에 형성된 고을로서 자연 환경은 그리 좋은 곳이 아니다. 이 지방의 허리에 걸친 낙동강은 농사짓는 데에 젖줄 노릇을 하면서도 안동댐이 건설되기 전에는 수시로 홍수를 안겨다 주었다.

그럼에도 불구하고 이곳은 아주 오랜 옛날부터 문화의 꽃이 피었다. 조선시대에는 이곳에서 많은 유학자들이 태어나 유교 문화의 본고장으로서 이곳 사람들은 선비 정신을 자랑하고 있다. 지금도 안동 곳곳에는 전통 문화의 흔적을 자랑하고 있는 유산들이 많이 남아 있다. 문화재로 지정된 기와집이 여러 채 있고 차전놀이, 놋다리, 하회별신굿 등은 조상의 숨결을 오늘에 되살리는 것들이다.

안동에는 서원이 유난히 많다. 하회 류씨에 의해 류성룡과 그 아들 류진을 모시는 풍천면 병산리의 병산 서원, 의성 김씨에 의해 돌보아지고 있는 임하면 사의동의 사빈 서원과 시내 송현동의 임천 서원, 진보 이씨에 의해 돌보아지고 있는 도산면 토계동의 도산 서원, 안동 권씨에 의해 세워진 도계 서원, 배향 문제로 시비가 일었던 호계 서원 그리고 그 밖에 고산 서원, 역동 서원, 묵계 서원, 조계 서원 등이 흥망을 거듭하면서 오늘에 이르고 있다.

이들 서원은 대개 안동의 명문가에 의해 설립, 운영되고 있으니 류씨, 김씨, 이씨, 권씨 등은 서원을 계기로 하여 혈연적 세력을 공고히 하면서 학연에 의하여 서로간의 결속을 강화하였다. 이에 조선 후기의 실학자였던 이중환은 「택리지」에서 안동 지역 일대를 서술하면서 안동 등지에는 퇴계, 서애, 학봉 등의 문인 자손이 많고 그들의 감화를 입은 사대부가 산재하여 그 기세가 한양에 비길 만하다고까지 말하고 있다.

여러 서원 가운데에서 도산 서원은 사림의 온실로서 그리고 영남 학파의 산실로서 그 역량을 유감없이 보여 주었던 곳이다.

도산 서원이 서원으로서 꾸며지기는 지금으로부터 4백 년 전인 1574년이다. 그러나 서원의 토대가 마련된 것은 그보다 조금 더 앞선다. 퇴계가 이곳에 자리를 잡은 것은 그가 50세 때인 1557년(명종 12)이었는데 그가 다른 곳이 아닌 이곳에 터전을 마련한 것은 산수가 수려하였기 때문이라 한다.

도산 서원 전경 높지 않은 산자락에 사당, 재실, 강당 등이 오밀조밀하게 꾸며져 운치
가 있다.

서원이 자리한 곳은 뒤쪽으로 아담한 산등성이가 감싸고 있고, 앞으로는 낙동강이 구비구비 돌아 흐르며 저 멀리에는 푸른 평원이 아스라이 펼쳐지고 있어 절경 중의 절경이다. 그는 여기에 도산 서당과 농운 정사를 꾸며 한쪽은 스스로 공부하는 곳으로 삼고, 다른 한쪽은 모여드는 후학들을 가르치는 강의실로 삼았다. 이곳에서 퇴계는 제자들과 10여 년 생활하였다.

도산 서원의 분위기는 퇴계의 사후 새로운 계기를 맞았다. 그를 흠모하던 제자들이나 고을의 선비들이 퇴계를 받들어 모시는 사당을 세워 서원으로서의 체제를 갖춘 것이다. 제자들은 기존의 건물에 상덕사, 진도문, 동재, 서재, 동광명실, 서광명실, 전사청, 장판각 등을 보완 증축하여 서원의 면모를 갖춘 뒤 이듬해 나라에 요청하여 도산 서원이란 편액을 하사받았다. 편액의 글씨는 한석봉이 썼다.

생전에 서원의 보급과 교육에 힘을 쓴 퇴계는 사후에도 서원 교육에 이바지하였다. 도산 서원의 교육 활동이나 운영 세칙은 다른 서원에서 준행하였기 때문에 도산 서원은 한국 성리학의 요람이었을 뿐 아니라 서원의 종주였다.

도산 서원에도 많은 장서가 보유되어 있었는데 907종, 4339책의 한적(漢籍)은 그동안 많은 선비들로 하여금 성리 철학의 진수를 맛보게 하였다. 특히 퇴계의 사상을 이해하기 위하여는 먼저 이들을 접하지 않으면 안 되었다.

퇴계 이황은 무엇보다도 겸허함을 배움의 기본 자세로 삼았다. 많은 제자들이 거리를 헤아리지 않고 찾아들어 가르침을 청하였는데, 매양 친구와 같이 대하여 비록 젊은 사람이라도 하대를 하는 법이 없었다. 사람을 대하거나 사물을 대할 때 항상 공경하는 태도로 일관하였다. 이같은 퇴계의 높은 인격과 학문은 두고 두고 후세에 빛날 것이다.

퇴계의 제자는 손으로 꼽기 어려울 만큼 많다. 스승과의 4단 7

도산 서원 전교당 도산 서원의 중심 영역인데, 강당의 구조는 정면 4칸, 측면 2칸으로 흔치 않은 짝수 칸 집이다. 보물 210호.

혼천의 천문 기구로서 퇴계의 제자인 김부의가 퇴계의 지도를 받아 만들었다.(왼쪽)
목진각 전시장 혼천의말고도 퇴계가 지은 책, 쓰던 문방구, 지팡이 등이 전시되어 있다.(아래)

정론(四端七情論)으로 유명한 기대승을 비롯하여 조목, 김성일, 류성룡, 정구, 장현광, 정경세, 이현일, 정시한, 허목, 이익 등이 모두 퇴계의 학통을 이어 더욱 그를 빛낸 이들이다. 특히 조목(趙穆)은 퇴계를 항상 가까이 모시고 스승이 죽은 뒤에는 3년 동안 부인의 방에 들지 않았다고 한다. 따라서 그의 덕행은 후인들로 하여금 감복케 하여 퇴계와 더불어 그를 도산 서원에 배향케 하였다.

덕천 서원(德川書院)

　남명 조식(南冥 曺植)은 선비의 모습을 철저히 보여 준 은자(隱者)이다. 퇴계와 더불어 영남학파의 쌍봉으로 추앙받는 남명을 모신 곳이 덕천 서원이다.

　덕천 서원이 자리한 곳은 경상남도 산청군 시천면 원리로서, 인근에는 남명이 은둔하여 배움을 익히던 산천재가 옛모습을 간직하며 남아 있다.

　산청 고을은 높고 험한 산이 가도가도 막아서는 곳이다. 산청군의 면적은 790평방 킬로미터인데 그 가운데 논밭의 넓이는 고작 10퍼센트를 조금 웃돈다. 따라서 이 고장 사람들은 영세한 삶을 힘겹게 꾸려 가고 있다. 그러나 산청 사람들의 기개는 만만치 않다. 남명 조식의 정신을 잇고 있다고 자부하기 때문이다.

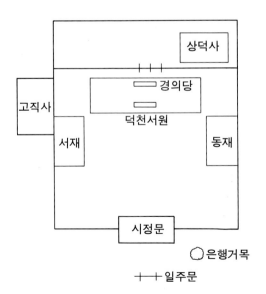

덕천 서원 배치도

조식이 태어난 곳은 합천군 삼가면의 외가였다. 그러나 그가 고향으로 삼고 묻힌 곳은 산청이었다. 어려서 변변한 선생도 없이 홀로 학문을 닦았는데 그 성취도가 놀라웠다. 독서에 있어서는 주로 속독하는 편이었고 경서를 비롯하여 천문, 지리, 의학, 수학, 병학의 공부도 두루 섭렵하였다. 한때는 처가의 고장인 김해로 가서 산해정이란 정자를 짓고 공부하기도 했다. 그 뒤 합천으로 돌아와서 제자를 모아 가르치며 학문을 닦음에 더욱 정진하였다. 그러다가 예순이 가까워서야 산청 땅으로 거처를 옮겼다. 그는 이곳에서 자신의 학문을 제자들에게 아낌없이 전해 주었다.

천왕봉으로 치닫는 지리산의 맥들이 겹겹이 에워싼 곳에 산천재(山川齋)라는 서당을 짓고 본격적으로 후학을 기르는 데 마음을 쏟았다. 그는 평생 벼슬에 나가지 않고 백면 서생으로 만족하였다.

그는 본디 권세와 재물을 대수롭게 여기지 않고 있었다. 조식은 학문의 실천적 의미를 평생의 좌우명으로 삼았다. "행함이 없는 공부는 쓸모가 없다"고 하였다. 그는 경(敬)과 의(義)를 중시하였다. 서재 창틀에 '경'과 '의' 두 글자를 크게 써 붙이고 날마다 경계하였다. 이황이 인(仁) 곧 어짐을 받드는 학문을 했다면 조식은 의 곧 의로움을 받드는 공부를 했다. 따라서 그의 문하에서는 임진왜란 때 많은 의병장이 배출되었다. 곽재우, 정인홍, 김면, 조종도 등의 활약은 너무나 유명하다.

조식의 학맥은 문하생의 당맥으로 보아서 대체로 북인 성리학이라고 할 수 있다. 특히 정인홍이 광해군 때 대북 정권을 구성하고, 대북 정권의 학적 정통성을 밝히고자 남명을 추앙하면서 더욱 그러한 면모를 보였다. 그의 대쪽 같은 기개가 아직껏 스며 있는 듯한 산천재에는 그가 남긴 고서들이 잘 보존되어 있다.

조식이 죽은 뒤 그의 덕망을 잊지 못한 제자들은 시천면 원리에 서원을 세워 추모하고 배움의 자리를 확장하였다. 그러나 본디 있던

덕천 서원 은행나무 옛선비들은 은행나무를 좋아하여 즐겼는데 이것은 남명이 심었다
고 하는 은행나무이다. 저 멀리 남명이 소일하던 정자가 오늘도 사람들을 손짓한다.

건물은 흥선 대원군이 서원을 정리하면서 없어졌고, 지금의 건물은
일제 때 산청 고을의 유생들이 새로 지은 것이다.

필암 서원(筆巖書院)

　호남 지방에서 유림의 고장을 꼽을 때는 '광나장창(光羅長昌)'이라고 하여 광주, 나주, 창평과 더불어 장성을 빼놓지 않았다. 그 가운데서도 경상도에서 안동 문장을 꼽듯이 전라도에서는 장성 문장을 으뜸으로 쳤다. 장성 고을에는 체통 높은 선비 정신이 곳곳마다 스며 있다. 장성의 선비 정신은 "장성 사람은 고춧가루 서말을 먹고도 재채기 한 번 안 한다"라는 속담에 잘 드러나고 있다.

　장성 사람들의 선비 정신은 왕성했던 서원의 건립에서도 나타난다. 지금도 장성에는 필암 서원을 비롯하여 고산 서원, 봉암 서원, 추산 서원, 학림 서원, 모암 서원 등 많은 서원이 남아 있어 선비 정신의 맥을 잇고 있다. 특히 필암 서원에서는 서양 문물에 오염되는 세속을 외면하고 사서와 삼경을 읽으며 전통을 지키고자 하는 열기가 서원 담장 밖으로까지 퍼진다.

　필암 서원에는 하서 김인후(河西 金麟厚)와 그의 사위로서 학맥을 이은 양자징을 받들고 있다. 김인후는 장성 출신으로서 어려서부터 시를 잘 지어 신동 소리를 들었고, 커서는 김안국 문하에서 학문을 배웠고 성균관에 입학하여 이황과 함께 학문을 닦았다.

　김인후는 벼슬길에 나가기도 하였으나 사화가 일어나자 병을 핑계하여 사임하였다. 그런 뒤 고향에서 성리학을 연구하며 평생을 보냈다. 그는 배움에 있어서 특히 성(誠)과 경(敬)을 중히 여겨 세속에 욕심이 없었다.

　청산도 절로절로 녹수라도 절로절로
　산절로 수절로 산수간에 나도 절로
　그중에 절로 자란 몸이 늙기도 절로 하리라.

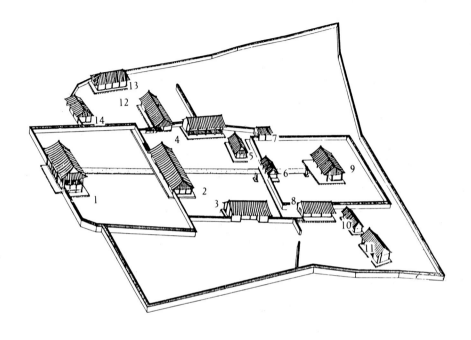

1. 곽연루	8. 장서각
2. 청절당	9. 우동사
3. 진덕재	10. 장판각
4. 숭의재	11. 교직사(구)
5. 경장각	12. 교직사(신)
6. 내삼문	13. 창고
7. 전사청	14. 대문

필암 서원 배치도

필암 서원 전경 높지 않은 구릉을 병풍으로 하고, 시원하게 펼쳐진 논뜰을 마당으로 하여 전형적인 서원 구조를 보여 주고 있다.

산수간에 몸을 내맡긴 하서는 성균관 문묘에 모셔져 있는 이 나라 열여덟 현인에 드는 오직 한 사람뿐인 전라도 사람으로서, 장성 사람에게 큰 긍지를 갖게 해주는 인물이다.

학문에 힘써 이름이 나자, 인근의 여러 고을에서 선비들이 너도나도 배움을 청하여 문전이 성시를 이루었다고 한다. '사미인곡'을 쓴 정철도 그의 제자였다. 그의 사후 많은 선비들이 흠모의 정을 끊지 못하였다. 그리하여 선비들은 1590년(선조 23) 그가 살고 공부하며 가르치던 현 장성읍 기산리에 서원을 세우고, 선생의 위패를 모셔 받들었다.

1597년 정유재란 때 왜군의 방화로 서원의 건물이 불타자, 그의 제자들은 곧 서원의 복설을 추진하여 그가 태어난 황룡면 증산동에 새로이 건물을 지었다. 이어서 나라에 사액을 요청하여 '필암(筆巖)'이란 액호가 하사되었다. 1672년(현종 13) 건물의 입지 조건이 좋지 않아 수해의 우려가 있어서 현 소재지인 필암리로 옮겨 지었다. 이 건물은 1868년 흥선 대원군의 서원 훼철 때도 다치지 않고 오늘에 이르고 있다.

현재 필암 서원의 건물 규모는 총 16동이며 조선시대 서원의 기본 구조를 모두 갖추고 있는 전형적인 서원이다. 누각, 강당, 사당에 이르는 중심축을 중심으로 하여 주변에 재실, 경장각, 전사청, 장서각, 장판각 등이 고즈넉하게 자리잡고 있다. 서원 앞으로는 비교적 큰 하천인 문필천이 흐르고 뒤쪽으로는 그리 높지 않은 산들이 병풍처럼 서원을 감싸고 있다. 그리고 서원 왼쪽에는 민가들이 자리하고 있다.

필암 서원은 평지에 세워진 서원으로 남북으로 이어진 중심축 선상에 주요 건물을 배치하고 있다. 곧 신성한 구역의 표시라는 홍살문을 들어서면 서원의 정문인 곽연루가 나타난다. 편액은 송시열의 글씨이다. 문루의 20여 미터 앞에 있는 정면 5칸의 강당은 청절당이라고 하는데, 윤봉구의 글씨로 된 '필암 서원(筆巖書院)'이란 현판이 걸려 있다.

다른 서원에는 대개 강당 앞에 좌우로 재실이 자리하고 있는데, 필암 서원에는 강당 뒤쪽에 진덕재(進德齋)와 숭의재(崇義齋)라는 현판이 걸려 있는 동, 서의 재실이 세워져 있다. 서재 옆으로 경장각이 있다. 액호는 정조의 어필이다. 이곳에는 하서의 문집 목판과 인종의 '어필 묵죽도(御筆墨竹圖)'가 소장되어 있다. 강당 뒤쪽 중앙에는 사당인 우동사(祐東祠)가 배치되어 있다.

곽연루 서원에 들어서는 사람을 압도하는 누각은 수십
명이 모여 시회를 하는 곳이기도 하다. 네 귀퉁이에 조각
된 귀공포는 엄숙하면서도 고졸한 맛을 풍기고 있다.

한편 서원의 동쪽에는 서적을 보관하고 있는 장서각이 있고, 그 동북쪽에 보물로 지정된 고문서 등을 보관한 장판각이 자리잡고 있다. 그리고 왼쪽에 나 있는 별도의 문을 통하여 교직사로 오갈 수 있다.

필암 서원의 공간 구성은 방형의 담장으로 교육 시설, 제향 시설, 부대 시설이 엄격하게 구획되어 있으나 크고 작은 문을 통해 유기적으로 잘 연결되어 있다. 특히 강당 앞의 공간은 은행나무와 잘 다듬어진 잔디로 누각과 더불어 원생들의 휴식 공간 역할을 했다고 본다. 전체적으로 엄숙하면서도 안정된 교육 분위기를 나타내고 있다.

한편 필암 서원 인근에는 고산 서원이 있다. 진원면 진원리에 자리잡고 있는 이 건물은 오래 되지 않았지만 고산 서원에는 행주 기씨들이 기대승, 기정진, 기우만 등 이 지방에서 태어난 출중한 인물들을 받들어 모시고 있다. 이들은 모두 성리학의 대가로서 호남 지방에 성리학의 씨를 뿌린 학자들이다.

자운 서원과 파산 서원

조선 왕조의 지도 이념으로 채택된 유학은 새 왕국을 유교적인 국가 체제로 개편하는 데 성공하였다. 그러나 그 학문이 심오한 철학의 단계로 발전한 것은 퇴계와 율곡의 두 철인에 의해서였다.

두 사람은 모두 16세기에 살았으니 퇴계가 선배로서 영남학파의 종주였고, 이에 대하여 율곡은 퇴계의 감화를 받았으나 역시 독특한 그 나름의 학설을 내세운 기호학파의 종장이었다. 퇴계가 산야에 의거하여 교학에 전념한 데 대하여, 율곡은 현실 사회에 각별한 관심을 기울인 학자로서 당시 모순이 드러나 있던 조선 사회에 대한

자운 서원 사당 1970년 복원되었는데, 사당에 오르는 계단은 매우 가팔라 보인다. 오랫동안 빈터에 묘정비만이 지키고 있다.

광범위한 개혁을 주장한 정치가요, 실학의 선구자이기도 했다.

율곡 이이(栗谷 李珥)의 넋이 깃들고 있는 자운 서원은 서울에서 그다지 멀지 않은 경기도 파주군 천현면 동문리에 자리하고 있다. 이곳 자운산에는 율곡의 양친, 누님 부부, 부인, 자녀 등 가족 무덤 13기가 서원과 함께 있어 옛 자취를 아로새겨 주고 있다.

자운 서원(紫雲書院)은 1615년(광해군 7) 율곡의 애제자인 김장생이 중심이 되어 설립하였다. 그 뒤 1650년 사액을 받으면서 본격적인 발전을 하여 많은 선비를 배출한 배움의 장이 되었다. 그러나 1871년 한 사람의 한 서원이란 원칙에 의해 율곡을 배향하는 서원은 황해도 배천의 문회 서원으로 지정되고 이곳은 그만 헐리고 말았다. 현재의 건물은 1970년 새로이 지은 것이다.

율곡이 주로 머물면서 후학들을 가르치던 자리에 세워진 자운 서원은, 그 뒤에도 기호학파의 본거지가 되어 특히 서인이 정계를 주름잡고 있던 조선 후기에는 선비들의 발길이 끊일 날이 없었다고 한다.

이이는 29세 때 처음으로 벼슬길에 나섰는데 벼슬하기 전 13세 때부터 아홉 번이나 과거 시험에서 장원 급제하여 '9도장원공(九度壯元公)'이라고 불리었다. 범인의 생각을 벗어난 학설과 정견으로 한때의 학문을 주름잡던 율곡은 인품, 식견, 문장, 재능이 뛰어나 승진 또한 빨랐다. 예조 좌랑에서 시작하여 사헌부 지평, 홍문관 교리, 사헌부 대사헌, 황해도 관찰사, 호조 판서, 이조 판서, 병조 판서, 판돈령 부사 등 20년 동안 승승장구로 벼슬에 올랐다.

율곡이 활약하던 시기는 조선 사회의 질서가 점차 동요하던 무렵이다. 그는 교육에 있어서는 실리, 실정, 실학, 실사를 주장하였고 정치에 있어서는 현실에 입각한 민본주의를 주장하였다. 동, 서 붕당의 정치적 갈등을 조정하기 위하여 노력하였고, 국방책으로서 군량의 확보와 병력의 양성을 건의하였다. 특히 '10만 양병설'은 너무나 유명하다. 그리고 민생의 부담을 덜기 위한 토지 제도의 개혁과 공납제의 폐지를 주장하였다. 율곡은 이처럼 모든 방면에 대하여 혁신적인 제안을 하였건만, 그의 깊은 뜻을 모르는 반대파의 방해로 제대로 뜻을 펴지 못하였다.

율곡은 정치가로서 뛰어난 식견을 보여 주었으며 학문적으로도 아주 큰 업적을 남겼다. 모든 면에서 자의식이 강했던 그는 학문 연구에 있어서도 주체 의식이 강했다. 곧 율곡은 "만일 주자가 진실로 이(理)와 기(氣)가 독립된 존재로서 동등하게 작용한다고 했다면 주자도 역시 잘못 이해한 것"이라고 하면서, 당시 절대적 권위를 지니고 있던 주자의 이기호발설(理氣互發說)에 정면으로 도전하였다. 그는 퇴계처럼 이기이원론을 인정하면서도 이와 기가 서로 별개로서 작용하는 것이 아니라 외적 현상에 감동하여 기가 발할 때에 이가 승하는 것이라고 독자의 주장을 제기하였다.

이같이 조선 최대의 석학이요, 정치가였던 이이는 이곳 자운산에 그의 어머니 사임당 신씨를 묻고 그 역시 여기에서 잠들었다. 자운산에 감싸여 있는 사학의 요람 자운 서원 일대는 저녁 노을이 들면 마치 한폭의 그림처럼 아름답다.

임진강가에 자리한 율곡 마을은 이이의 고향이다. 그는 어머니의 고향 강릉에서 태어났지만, 자라기는 아버지의 고향인 이 마을에서 자랐다. 나이가 들어 벼슬자리에 오른 뒤에도 틈만 있으면 이곳에 머물렀다. 마을 북쪽에 장단 쪽을 바라보고 깎아 지른 듯한 봉우리에 올라 서 있는 화석정은 율곡이 수시로 소풍하면서 생각을 정리하던 곳이기도 하다.

화석정에서 6킬로미터 정도 떨어진 곳이 경기도 파평면 늘로리이다. 이 늘로리에는 율곡과 더불어 기호학파의 우두머리였던 우계 성혼(牛溪 成渾)과 백인걸 등을 모신 파산 서원(坡山書院)이 자리하고 있다.

우계는 조광조의 제자로서 명망이 높던 아버지 성수침의 뜻을 따라 평생 동안 오로지 학문에 힘썼던 사람이다. 고향을 같이 한 율곡과 사귀게 되면서 평생의 지우(知友)로 여겼으며 함께 성리학 연마에 힘썼다. 성혼이 외부와 접촉을 끊고 우계에서 오로지 학문에만 힘썼음에도 그의 명망은 점차 인근에 알려져 배우러 오는 후학들

파산 서원 규모는 그리 크지 않으나 사당과 강당이 아담하게 자리잡고 있다. 마당엔 꽤 오래 된 은행나무가 있어 이정표 노릇을 한다.

이 길을 이었다고 한다.

우계의 학문은 그 뒤 그의 사위 윤황에게 이어져 윤선거, 윤증, 윤동원, 강필효, 성근숙으로 전수되었다. 대체로 창녕 성씨와 파평 윤씨의 가학(家學)의 성격을 띠었다. 이는 소론의 정치적 지위와 관련하여 불가피하였던 것이다.

회연 서원 배치도

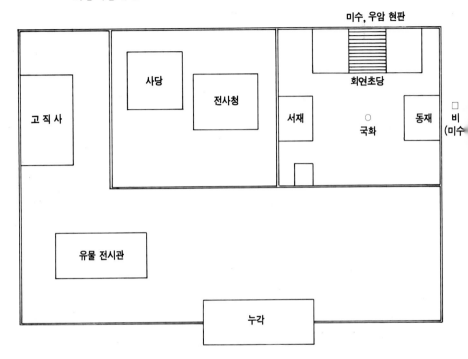

미수, 우암 현판

회연초당

고 직 사

사당

전사청

서재

국화

동재

비
(미수)

유물 전시관

누각

회연 서원(檜淵書院)

조선 왕조가 양반 사회로 정착되기 위해서는 유교적인 사회 질서
가 확립되어야 했다. 조선 왕조의 주체 세력이 유학도였고, 그들이
새로운 사회 운영 및 발전의 원리로서 성리학을 수용한 이상, 그것
은 불가피한 것이었다. 그리하여 일찍부터 양반들은 「주자가례」
「삼강행실도」「소학」「향약」등의 보급에 힘썼고, 17세기에 이르러는
그들 중심으로 닦여진 성리학의 바탕 위에서 사회 운영의 원리를
학문적으로 체계화하려는 노력이 있었으니 이른바 예학의 성립이
그것이다.

회연 서원 경관 서원 옆으로 흐르는 대가천 곳곳에는 한강이 시설했던 무흘 구곡이 보인다.

예(禮)라는 것은 일상 생활에서 지켜야 할 일정한 방식과 절차를 말하고, 때로는 관혼상제나 길흉 화복에서의 몸가짐을 말하기도 한다. 조선시대에는 그러한 예의 모범을 「주자가례」에서 찾았다. 그러나 그것은 대충의 개론에 지나지 않아 현실에서 직접 실천하고 자 할 때에는 구체적이고 세밀한 지식이 요구되었고, 더구나 우리 실정에 맞는 준칙이 요청되었다. 이러한 시대적, 현실적 요청에 부응 하여 예학을 체계화시키고, 향촌 사회의 질서를 바로잡는 데 이바지 한 이가 바로 한강 정구였다.

일찍이 덕계 오건에게 「주역」을 배웠고 이어서 퇴계 이황과 남명 조식에게서 성리학의 의미를 터득하였다. 한강은 오로지 학문에만 힘쓰고 벼슬에 연연하지 않았는데, 거듭되는 왕명으로 38세 때 창녕 현감에 부임하였다.

정구는 벼슬 자리에 있든 없든 선비를 키우는 데 유난히도 힘썼다. 특히 고향인 창평에 회연 초당 곧 백매원(百梅園)이란 서재를 세워 많은 제자를 길렀다. 그 뒤에도 함안 군수, 통천 군수, 강릉대도호부사, 승정원 승지, 형조 참판, 사헌부 대사헌 등을 역임하였는데 항시 선현의 덕망을 흠모하고 그들의 뜻을 바로 따르고자 노력하였다. 현풍의 도동 서원, 진주의 덕천 서원, 함양의 남계 서원, 안동의 도산 서원 등을 찾아보면서 그가 행동으로 보인 예의는 결코 한 치의 소홀함이 없었으니 보는 사람마다 그를 경모하였다고 한다.

회연 서원 담장 서원의 넓은 마당을 감싸고 있는 담장은 근래에 쌓은 것이다. 문루 앞 숲속에는 원지기들이 살던 마을이 있다.

그는 그 자신이 예의 표본과 같이 실천 궁행함에 힘썼다.

덕망과 학식이 뛰어나 많은 제자들이 따랐던 그였기에 제자들은 사후에 곳곳에 서원을 세워 그를 추모하였으니 현풍의 도동 서원, 창녕의 관산 서원, 성천의 용천 서원, 창원의 회원 서원, 충주의 운곡 서원, 목천의 죽림 서원 등에 그의 위패가 봉안되었다. 특히 그가 주로 거주하며 제자를 가르치던 회연 초당에 제자들이 사당을 세우고 서원으로 승격시켜 받들어 모시니, 1690년(숙종 16) 나라에서도 편액을 하사하여 그의 덕행과 공적을 기렸다.

한강의 얼이 깃든 회연 서원은 주변의 경관을 성리학적으로 조성하였다는 데에도 의미가 있다. 성리학에서는 자연의 원리를 매우 중요시여긴다. 자연 속에서 만물의 이치를 찾고자 하였다. 따라서 학문의 연마에 있어서도 자연 경관 속에서 스스로 터득하는 것을 바람직하게 여겼다. 이는 이미 주자가 무이 정사(武夷精舍)를 운영함에서 모범을 보인 바 있다. 조선의 학자들도 이를 본받고자 하였으니 퇴계나 율곡이 그러하였다. 그러나 주자의 자연관을 바로 이었다고 할 수 있는 것은 한강의 무흘구곡(武屹九曲)이다.

무흘구곡은 남쪽으로는 가야산, 서쪽으로는 덕유산을 배경으로 하여 낙동강의 지류인 대가천과 옥동천 계곡에 형성되었다. 한강은 이곳에 한강 정사, 회연 정사, 무흘 정사, 노곡 정사, 사빈 정사 등의 서재를 마련, 자연 속에서 인격을 도야하려 했다. 특히 각 구비마다 성취의 대상을 설정하여 사고의 단계성과 계기성을 추구하였다.

서원의 구조는 중심축이 없이 산기슭의 지형을 이용하여 사당, 강당을 병렬로 배치하고 있다. 외삼문을 들어서면 바로 정면에 사당으로 통하는 내삼문이 보이고, 오른쪽에 관리사 건물 앞으로 난 샛문을 통해 교육 공간으로 들어가게 된다. 강당 앞에 동, 서의 재실이 있고 동재 뒤로 담장을 따로이 두른 신도비가 서 있다. 강당 오른쪽 뒤쪽에는 별사가 마련되어 있다.

돈암 서원과 노강 서원

충청남도 논산군 연산에 있는 돈암 서원(遯巖書院)은 사계 김장생(沙溪 金長生)을 받들어 모신 서원으로서 한때 정계를 주름잡던 기호학파의 보금자리이기도 했다.

영남학파와 더불어 조선 후기 성리학계의 쌍벽이었던 기호학파는 율곡 이이, 우계 성혼 등의 제자를 중심으로 주기론의 입장에서 관념적 도덕 세계보다는 경험적 현실 세계를 존중한 선비들의 학맥이다.

기호학파의 기반을 다진 이가 바로 사계 김장생이었다. 그는 스승 율곡의 학문을 더욱 깊이 연마하여 이를 빛냈을 뿐 아니라 김집, 송시열, 송준길, 장유, 이경석 등 명사를 많이 길러냈는데 이들은 대체로 경기도와 충청도를 터전으로 하여 학문의 꽃을 피웠으며 기호학파로 불리었다.

사계는 예학의 선구자로서 보다 더 주목되는 사람이다. 예는 인간 활동의 도덕적 준칙으로서 조선 사회에서는 사회 생활을 규제하는 법으로서의 성격을 다분히 지니고 있었다. 우리나라에서 처음 성리학을 수용하였을 때는 주로 인식이 원리로서 이해되었는데, 그것은 이해와 더불어 실천의 바탕을 지녀야 한다. 실천적 유학으로서 그 본령이 요구되면서 하나의 학문이 성립되었으니, 그 주역이 김장생이었다. 그는 예의 실천성을 이론적으로 정립해 놓았다. 김장생을 중심으로 기호 예학이 점차 자리를 굳히자 영남에서는 정구, 정경세 등이 이에 대립하여 영남 예학의 뿌리를 내리고자 하였다. 우리나라의 전통 예법은 이를 전후하여 마련되었다.

사계는 예학을 공부함에 있어 고증이 정밀하고 해박하였다. 따라서 사람들이 예법에 의심이 가는 점이 있으면 반드시 그에게 문의하였다. 나라의 전례나 행사에 있어서도 의문이 생기면 그에게 의논하

돈암 서원 전경 강당과 재실이 우뚝해 보이는데, 신도비 앞 건물이 단 하나의 재실이다.

였다. 그러나 벼슬에 연연하지 않았다. 일찍이 정산 현감, 단양 현감, 호조 정랑을 지낸 바 있지만 향리인 연산에서 학문을 익히고 제자를 키움에 주력하였다.

김장생의 사후, 탈상하던 해인 1634년(인조 12)에 그의 제자들은 스승의 덕망을 기리기 위해 스승이 공부하고 가르치던 자리에 돈암 서원을 세웠다.

돈암 서원은 그 뒤에도 계속 배움의 장이 되었으니 사계의 아들 신독재 김집(愼獨齋 金集)이 아버지의 뜻을 받들어 예학을 보다 깊이 연구하면서 후진 양성에 힘썼다. 김집이 장성했을 당시 나라의 형세는 광해군의 즉위로 대북 정권이 권력을 남용하고 있었는데,

이 때문에 김집은 더욱 벼슬을 멀리하고 돈암 서원에서 학문에 힘쓰며 후진을 키우면서 세월을 보냈다. 학덕이 높아지면서 원근의 선비들이 다투어 모여들어 종사(宗師)로 삼으니, 그의 문도에서는 윤선거, 유계, 이유태, 윤문거 등이 특히 유명하였다. 사계가 몰한 뒤에는 송시열과 송준길도 스승의 예로 섬겼다. 그리하여 돈암 서원에서는 김장생과 아울러 김집, 송시열, 송준길을 배향하고 있다.

서원의 배치는 논산 평야를 배경으로 들판에 일정한 중심축이 없이 강당과 사당, 재실 등이 꾸며져 있다. 건물은 1634년 세워진 뒤 몇 차례 보수되었지만 대원군의 서원 철폐령에도 구애받지 않고 옛모습을 지켰다. 정문을 들어서서 왼쪽에 보이는 정면 5칸 맞배지붕의 강당에는 응도당(凝道堂)이란 현판이 걸려 있고 정문에 정면한 건물에는 동, 서의 재실인 정의재, 지경재가 한 건물에 자리하고 있다. 이들 건물은 뒤에 보수되었지만 본래 김장생과 김집이 공부하고 가르치던 곳이었다.

재실 뒤로 사당이 있고 사당의 담은 꽃담으로 잘 꾸며져 있다. 재실 바로 앞에는 사액을 기념하여 1669년(현종 10)에 세워진 둔암 서원비가 있는데 비문은 송시열이 찬하고 송준길이 글씨를 썼다. 그리고 장판각에는 김장생, 김집의 저술을 찍어 내던 목판본이 다수 보관되어 있고 그 밖에 나라에서 하사한 벼루, 등잔 등의 유물도 보관되어 있다.

돈암 서원에서 그리 멀지 않은 광석면 오강리에 노강 서원이 있다. 노강 서원은 소론의 우두머리였던 윤증과 그의 아버지 윤선거 등을 받들어 모시고 있다. 서원의 건물 구조는 단조롭지만 흥선 대원군에게 철퇴를 맞지 않아 옛모습을 잘 보여 주고 있다. 강당 측면의 이음처마는 다른 서원에서 볼 수 없는데, 사당으로 이어지는 공간을 활용하기 위해서였다. 사당에는 영정이 보관되어 있고 사당 앞 정원은 오래 된 은행나무와 괴목이 풍치를 더해 주고 있다.

돈암 서원 내부 돈암 서원이란 현판이 걸려 있는 건물이 사당인데, 사당을 둘러싼
담은 다른 곳에서 볼 수 없는 꽃담이다.

화양 서원(華陽書院)

충청북도 괴산군 청천면 화양리 화양계곡에 자리한 화양 서원은 조선조 최대의 서원이었다.

우암 송시열(尤庵 宋時烈)은 만년에 벼슬을 내놓고 조용히 은거하고자 주자의 무이 구곡을 방불케 하는 이곳에 자리를 잡았다. 그는 화양 구곡을 꾸미고, 자연의 조화를 관상하면서 우주 만물의 이치를 궁리하고자 하였다. 때로는 화양천에 배를 띄우고 자연의 원리를 터득하였다.

1689년(숙종 15) 그는 사약을 받으면서도 이곳에서의 삶을 잊지 못하여 제자들에게 이곳에 만동묘(萬東廟)를 세우도록 유언하였다. 그리하여 1704년(숙종 30) 화양동에 만동묘를 세우고 이어서 그 옆에 송시열을 받들어 모시는 화양 서원을 세웠다. 그 뒤로 우암의 문인 및 그의 당파가 계속 집권을 하면서 이곳은 국가의 보호를 받으며 세력을 형성, 조선 후기 사림 세력의 최대 거점이 되었다. 이곳은 일년 내내 전국에서 선비들의 발길이 끊이지 않는 성역이 되어 갔다.

조선 후기에 이르러 서원은 점차 교육적 시설에서 붕당의 거점으로 전환되면서 초기의 신선한 맛을 잃어 갔다. 서원의 주인으로 자처하고 행세하던 양반, 유생들은 그 대부분이 하는 일 없이 서원의 재산을 도식하는 것이 보통이었으며, 이것도 부족하면 특권을 빙자하여 사당을 보수한다거나 제수를 마련한다고 하면서 지방 관서나 고을의 주민을 공갈 협박하고 금품을 강탈하였다. 따라서 그들을 따르는 백성들이 자진하여 서원의 노비가 되어 군역을 기피하였다. 심지어는 죄를 지은 자들이 이곳에 피신하여 패거리를 형성하기도 했다. 이러한 서원 가운데에 특히 화양 서원의 횡포가 가장 심하였다. 그만큼 세력이 컸던 까닭이다.

화양 서원에서 자의로 발행하는 '화양묵패(華陽墨牌)'는 누구나 그 통첩을 어길 수 없어 폐해가 컸다. 그것은 유생들이 모여 앉아 제멋대로 남의 재산을 평가하고 고지서를 발송하는 것이지만, 묵패를 받으면 관아건 백성이건 또는 양반이건 누구를 막론하고 논밭이라도 팔아서 바쳐야 했다. 만일에 불응하게 되면 지체없이 서원으로 잡혀가서 공갈 협박을 당하게 되고, 때로는 사사로이 형벌을 받기도 하였다. 이른바 화양묵패는 약탈을 전제로 한 협박장이나 다를 바 없었다.

이와 같이 서원이 본래의 사명을 저버리고 악의 소굴로 바뀌자 정부에서도 누차 이를 우려하는 논란이 제기되었다. 그러나 이미 정치 기강이 무너지고, 국가 질서가 흐트러진 세도 정치하에서는 근본적인 타개책이 강구될 수 없었다. 이같은 서원의 폐해에 대한 대책은 왕족이면서 왕족의 행세를 못하고 양반들에게 설움을 받던 흥선 대원군이 집정하면서 과감하게 실현되었다.

한때 화양 서원에 들렀다가 원지기에게 봉변을 당한 바 있던 흥선 대원군은 화양 서원부터 철퇴를 가하였다. 먼저 만동묘를 철훼시키고 이어서 서원까지 부수어 버렸다. 이를 계기로 전국 600여 개소의 서원 가운데 47개소만 남기고 모두 철훼시켰다. 양반들에게는 청천벽력이나 다름없었다. 그리하여 옛모습을 더듬어 보고자 하여도 지금 찾아볼 수 있는 것은 주춧돌과 함께 깨진 기왓장만이 무심하게 나돌고 있어 역사의 무상함을 느낄 뿐이다.

송시열이 살아 있다면 통곡할 일이라 하겠다. 살아서도 예론의 논쟁 속에서, 붕당의 갈등 속에서 어려운 한 시대를 살았던 우암은 죽어서도 고난을 면치 못하니 그는 일찍이 이를 예언이라도 하듯이 시로써 표현하였다.

푸른 물은 성난 듯 소리쳐 흐르고
청산은 찡그린 듯 말이 없구나
조용히 자연의 뜻 살피니
내 세파에 연연함을 저어하노라

송우암 신도비 흥선 대원군에 의해 서원 건물은 철훼되고 신도비만이 자리를 지키고
있다. 글씨는 정조의 어필이다. 나라에 변고가 있으면 비에서 땀이 흐른다고 한다.

무성 서원(武城書院)

정읍군 칠보면 무성리에는 고운 최치원(孤雲 崔致遠)을 받들어 모시고 있는 고색 창연한 무성 서원이 자리하고 있다. 이웃 마을인 시산리 강가에는 고운이 술잔을 띄우며 풍류를 즐겼다는 유상대와 감운정이 그림같이 놓여 있다. 고운의 자취는 옛 태인 고을에 위치한 피향정에도 남아 있다.

무성 서원은 조선조에 있어서 수많은 선비를 길러 낸 호남에서 가장 규모가 큰 사립 학교였고 또 교육 활동의 모습을 가장 잘 밝혀 주는 곳이다. 무성 서원의 원규 곧 학칙에는 당시 서원의 교육 목표, 교육 내용, 교육 방법 등 일체의 교육 과정이 상세하게 제시되어 있다.

흔히 서원이라면 선현을 받들어 모시는 장소로 이해하고 있지만, 17세기의 유명한 실학자 반계 류형원이 지적한 것처럼 서원은 어디까지나 선현의 학덕을 추모하며 선현의 가르침을 배우고자 한 선비들의 교육적 관심에서 성립되었다. 무성 서원 원규에는 그러한 서원 설립의 목적을 분명히 하고 있다. 곧 성현의 글이나 성리학에 관한 내용이 아니면 읽을 수 없다고 하였다.

성리학은 그 이름이 의미하는 것과 같이 이기(理氣)나 심성(心性)을 연구하는 학문이며, 그 목표는 인간의 마음 속에 내재하는 덕을 밝히고 그것을 스스로 실현하는 윤리적, 도덕적 수양에 있었다. 때문에 덕망이 높은 성현을 본받게 하여 도덕적 인간상을 구현하려는 데에 교육 본래의 의도가 있었다. 이것은 유교 사회에서는 불가피하게 받아들여야 할 귀결점이었지만, 도덕 교육이 특히 요청되는 오늘에 있어서도 결코 소홀히 지나쳐 버릴 수 없는 것이다.

무성 서원 원규에 의하면 서원에서는 유학 가운데서도 성리학을 공부함에 힘썼다. 학습의 순서는 「격몽요결」 「소학」부터 읽기 시작하여 「대학」「논어」「맹자」「중용」「시경」「서경」「주역」「예기」「춘추」를 읽는 것이 원칙이었다. 그리고 서원의 입학에 있어서는 나이, 신분에 구애없이 누구나 평등하여 독서에 뜻이 있어 배우고자 하는 자는 모두 허락하고 있다. 그러나 일단 입학하게 되면 교육의 실제는 매우 준엄하였다. 곧 독서에 임할 때는 반드시 용모를 단정히 하고 오로지 정신을 통일하여 의리를 깨우침에 힘쓰며 서로 돌아보며 잡담하지 말 것을 강조하고 있다.

이와 같이 교육사적 측면에서 하나의 장을 남기고 있는 무성 서원은 그 기원이 태산사(泰山祠)라는 생사당에서 비롯되고 있다. 이 고을 현감을 지내며 훌륭한 치적을 쌓은 최치원이 합천 군수로 전출되자, 이 고을 선비들은 그를 기리기 위하여 생사당을 지었다는 것이다.

고운은 한문학을 우리나라에 전하는 데 크게 이바지하였다. 유불선(儒佛禪)을 두루 섭렵한 그가 고국을 그리워하여 장래가 약속된 당나라를 버리고 귀국한 것은 그의 나이 28세 때인 884년이었다. 그러나 당시 무너져 가던 신라의 조정으로서는 18세에 당나라 과거에서 장원을 하고, 그곳에서 벼슬을 하며 '황소의 난'을 평정한 고운의 대야망을 받아들이기엔 이미 때가 지났다. 그리하여 소인배들이 날뛰고 있는 문란한 조정을 등지고 자원하여 찾아간 곳이 오늘의 무성 서원이 자리한 태인이었다.

태인은 당시에 태산현이라 하였다. 조정에서 펼쳐 보지 못한 그의 경륜은 이곳에서 선정으로 나타났고, 백성들은 고운을 어버이처럼 따르며 잊지 못하여 생사당을 세웠다. 태산사가 배움의 전당으로서 모습을 드러낸 것은 훨씬 후세의 일이었다.

조선 후기에 이르러 서원 건립의 열풍이 불었다. 이 고장 선비들도 고운의 덕망을 본받고자 1615년(광해 7)에 서원을 세우고 80여 년 뒤인 1696년에 사액을 받았다. 그 뒤 여러 차례 보수를 하였

무성 서원 강당 당호가 달리 없이 '무성 서원'의 현판이 걸려 있다. 마루는 앞뒤가 트여 있어 매우 시원한 느낌을 준다.

고 흥선 대원군도 감히 손대지 못하여 옛모습을 잘 보여 주고 있는 무성 서원은 전국에서 규모와 시설 면에서 특히 돋보이는 사적 서원 의 하나이다.

서원에는 고운말고도 조선조의 명유, 명신들인 신잠, 정극인, 송세 림, 정언충, 김약묵, 김관 등이 배향되고 있다. 그리고 강안, 심원 록, 원생록, 원규, 공신 녹권 등 귀중한 자료들이 많이 보존되고 있 다.

한편 무성 서원의 구조적 특징은 다른 서원과 달리 하나밖에 없는 배움의 장인 재실이 담 밖에 세워졌다는 점이다.

서원의 배치는 약간 경사지에 강당과 사당을 잇는 직선축을 중심 으로 정문인 누각 현가루와 내삼문이 마련되었고, 주변에 전사청, 교직사, 비각 등이 세워져 있다. 사당에 '무성 서원'이란 현판이 걸려 있다. 사당은 정면 3칸, 강당은 정면 5칸이며, 강당과 재실은 모두 마루와 온돌이 결합된 양식이다.

우리나라 서원 일람표

경기

소재 지역	서원 명칭	건립 연도	사액 연도	배향 인물
개성	숭양 서원	1573(선조 6)	1575(선조 8)	정몽주, 우현보, 서경덕, 김상헌, 김육, 조익
	화곡 서원	1609(광해 1)	1609(광해 1)	서경덕, 박순, 허엽, 민순
	숭절 서원	1666(현종 7)	1694(숙종 20)	송상현, 김연광, 유극량
	오관 서원	1681(숙종 7)	1685(숙종 11)	박상충, 박세채
광주	명고 서원	1661(현종 2)	1669(현종 10)	조익, 조복양, 조지겸
	구암 서원	1667(현종 8)	1697(숙종 23)	이집, 이양중, 정성근, 정엽, 오윤겸, 임권영
	수곡 서원	1685(숙종 11)	1695(숙종 21)	이의건, 조속, 이후원
양주	도봉 서원	1573(선조 6)	1573(선조 6)	조광조, 송시열
	석실 서원	1656(효종 7)	1663(현종 4)	김상용, 김상헌, 김수항, 민정중, 이단상, 김창협
여주	기천 서원	1580(선조 13)	1625(인조 3)	김안국, 이언적, 홍인우, 정엽, 이원익, 이식, 홍명구, 홍명하
	고산 서원	1677(숙종 3)	1708(숙종 34)	이존오, 조한영
파주	파산 서원	1568(선조 1)	1650(효종 1)	성수침, 성수종, 성혼, 백인걸
	자운 서원	1615(광해 7)	1650(효종 1)	이이, 김장생, 박세채
장단	임강 서원	1650(효종 1)	1694(숙종 20)	안유, 이색, 김안국, 김정국
풍덕	구암 서원	1681(숙종 7)	1682(숙종 8)	이이
수원	매곡 서원	1694(숙종 20)	1695(숙종 21)	송시열
인천	학산 서원	1702(숙종 28)	1708(숙종 34)	이단상, 이희조
이천	설봉 서원	1564(현종 19)		서희, 이관의, 김안국
	현암 서원	1833(순조 33)	1833(순조 33)	김조순

소재 지역	서원 명칭	건립 연도	사액 연도	배향 인물
김포	우저 서원	1648(인조 26)	1675(숙종 1)	조헌
안성	도기 서원	1663(현종 4)	1669(현종 10)	김장생
	남파 서원	1692(숙종 18)		홍우원
교하	신곡 서원	1683(숙종 9)	1695(숙종 21)	윤선거
고양	문봉 서원	1688(숙종 14)	1709(숙종 35)	민순, 남효온, 김정국, 기준, 정지운, 홍이상, 이신의, 이유 겸
마전	미강 서원	1691(숙종 17)	1693(숙종 19)	허목
가평	잠곡 서원	1705(숙종 31)	1707(숙종 33)	김육
양근	미원 서원	1661(현종 2)		조광조, 김식, 김육, 남언경, 이제신
용인	충렬 서원	1576(선조 9)	1609(광해 1)	정몽주
	심곡 서원	1650(효종 1)	1650(효종 1)	조광조
영평	옥병 서원	1658(효종 9)	1713(숙종 39)	박순, 이의건, 김수항
지평	운계 서원	1594(선조 27)	1714(숙종 40)	조성, 조욱, 신변, 조형생
포천	화산 서원	1635(인조 13)	1660(현종 1)	이항복
	용연 서원	1691(숙종 17)	1692(숙종 18)	이덕형, 조경
금천	충현 서원	1658(효종 9)	1676(숙종 2)	강감찬, 서견, 이원익
과천	민절 서원	1681(숙종 7)	1692(숙종 18)	박팽년, 성삼문, 이개, 류성 원, 하위지, 유응부
	노강 서원	1695(숙종 21)	1697(숙종 23)	박태보
	사충 서원	1725(영조 1)	1726(영조 2)	김창집, 이이명, 조태채 이건명
	호계 서원	1681(숙종 7)		조종경, 조속
양성	덕봉 서원	1695(숙종 21)	1700(숙종 26)	오두인
연천	임장 서원	1700(숙종 26)	1716(숙종 42)	주자, 송시열

충청

소재 지역	서원 명칭	건립 연도	사액 연도	배향 인물
청주	신항 서원	1570(선조 3)	1660(현종 1)	이이, 이색, 경연, 박훈, 김 정, 송인수, 한충, 송상현, 이득윤

소재 지역	서원 명칭	건립 연도	사액 연도	배향 인물
청주	화양 서원	1696(숙종 22)	1696(숙종 22)	송시열
	송천 서원	1695(숙종 21)		김사엽, 최유경, 이정간, 박광우, 이제신, 이지충, 조강, 이대건
	쌍천 서원	1695(숙종 21)		신식
	기암 서원	1699(숙종 25)		강백년, 오숙
	봉계 서원	1702(숙종 28)		권상, 김우옹, 신용, 신집
	송계 서원	1702(숙종 28)		변시환
충주	팔봉 서원	1582(선조 15)	1672(현종 13)	이자, 이연경, 김세필, 노수신
	운곡 서원	1661(현종 2)	1676(숙종 2)	주자, 정구
	누암 서원	1695(숙종 21)	1702(숙종 28)	송시열, 민정중, 권상하
공주	충현 서원	1581(선조 14)	1625(인조 3)	주자, 이존오, 이목, 성제원, 조헌, 김장생, 송준길, 송시열
	창강 서원	1629(인조 7)	1682(숙종 8)	황신
	도산 서원	1693(숙종 19)		권득이, 권시
홍주	노은 서원	1676(숙종 2)	1692(숙종 18)	박팽년, 성삼문, 이개, 유성원, 하위지, 유응부
	혜학 서원	1706(숙종 32)	1722(경종 2)	이세구
	용계 서원	1721(경종 1)		윤증
청풍	봉강 서원	1671(현종 12)	1672(현종 13)	김식, 김권, 김육
	황강 서원	1726(영조 2)	1727(영조 3)	권상하
한산	문헌 서원	1594(선조 27)	1611(광해 3)	이곡, 이색, 이종학, 이개, 이자
단양	단암 서원	1662(현종 3)	1692(숙종 18)	이황, 우탁
서천	건암 서원	1662(현종 3)	1713(숙종 39)	이산보, 조헌, 조수윤, 조속
임천	칠산 서원	1687(숙종 13)	1697(숙종 23)	유계
서산	성암 서원	1719(숙종 45)	1721(경종 1)	유숙, 김흥욱
괴산	화암 서원	1622(광해 14)		이황, 허세무, 이문건, 노수신, 김제갑, 류근, 전유형, 이신의
온양	정퇴 서원	1634(인조 12)		조광조, 이황, 맹희도, 홍가신, 조상우, 강백년, 조이후
문의	노봉 서원	1615(광해 7)	1668(현종 9)	송인수, 정렴, 송시열
	금담 서원	1695(숙종 21)	1695(숙종 21)	송준길

소재 지역	서원 명칭	건립 연도	사액 연도	배향 인물
보은	상현 서원	1549(명종 4)	1610(광해 2)	김정, 성운, 성제원, 조헌, 송시열
회덕	숭현 서원	1609(광해 1)	1609(광해 1)	정광필, 김정, 송인수, 김장생, 송준길, 송시열
	정절 서원	1684(숙종 10)		송유, 박팽년, 송갑조, 김경여, 송상민
	미호 서원	1718(숙종 44)		송규렴
부여	부산 서원	1719(숙종 45)	1719(숙종 45)	김집, 이경여
진천	백원 서원	1597(선조 30)	1669(현종 10)	이종학, 김덕숭, 이여, 이부
	지산 서원	1722(경종 2)	1723(경종 3)	최석정
홍산	청일 서원	1621(광해 13)	1704(숙종 30)	김시습
	창렬 서원	1717(숙종-43)	1721(경종 1)	윤집, 홍익한, 오달제
보령	화암 서원	1624(인조 2)	1686(숙종 12)	이지함, 이산보
연산	돈암 서원	1634(인조 12)	1660(현종 1)	김장생, 김집, 송준길, 송시열
	충곡 서원	1692(숙종 18)		계백, 박팽년, 성삼문, 이개, 류성원, 하위지, 유응부, 김익겸
	구산 서원	1702(숙종 28)		윤전, 윤순거, 윤원거, 윤문거
	휴정 서원	1699(숙종 26)		류무, 류문원, 이항길, 김정망, 권수
목천	도동 서원	1649(인조 27)	1676(숙종 2)	주자, 정구, 김일손, 황종해
연기	봉암 서원	1651(효종 2)	1665(현종 6)	한충, 김장생, 송준길, 송시열
노성	노강 서원	1675(숙종 1)	1682(숙종 8)	윤황, 윤문거, 윤선거, 윤증
예산	덕잠 서원	1705(숙종 31)	1714(숙종 40)	김구
황간	한천 서원	1717(숙종 43)	1726(영조 2)	송시열
	송계 서원	1665(현종 6)		조위, 박영, 김시창, 박응훈, 남지언, 박유동
제천	남당 서원	1580(선조 13)		이황
아산	인산 서원	1610(광해 2)		김굉필, 정여창, 조광조, 이언적, 이황, 기준, 이지함, 홍가신, 이덕민, 박지계
청안	구계 서원	1613(광해 5)		이준경, 서사원, 박지화, 이득윤, 이당

소재 지역	서원 명칭	건립 연도	사액 연도	배향 인물
신창	도산 서원	1670(현종 11)		조익, 조극선
영춘	송파 서원	1673(현종 14)		윤선거
영동	초강 서원	1611(광해 3)		김자수, 박연, 박사종, 송방조, 윤황, 송시영, 송시열
	화암 서원	1670(현종 11)		장항, 박홍생, 장필무, 박인, 장지현
석성	봉호 서원	1693(숙종 19)		윤문거
청산	덕봉 서원	1701(숙종 27)		조헌, 송시열
덕산	회암 서원	1689(숙종 15)		주자, 이담, 이흡, 조극선

전라

소재 지역	서원 명칭	건립 연도	사액 연도	배향 인물
전주	화산 서원	1578(선조 11)	1658(효종 9)	이언적, 송인수
	인봉 서원	1650(효종 1)		최명룡, 김동준, 김동기
	한계 서원	1669(현종 10)	1669(현종 10)	신중경, 이정만, 이상진
나주	경현 서원	1583(선조 16)	1607(선조 40)	김굉필, 정여창, 조광조, 이언적, 이황, 김성일
	월정 서원	1664(현종 5)	1669(현종 10)	박순, 심의겸
	반계 서원	1695(숙종 21)	1697(숙종 23)	박상충, 박소, 박세채
	미천 서원	1692(숙종 18)		허목
	창계 서원	1711(숙종 37)		임영
능주	죽수 서원	1570(선조 3)	1570(선조 3)	조광조, 양팽손
광주	월봉 서원	1578(선조 11)	1654(효종 5)	기대승, 박상, 박순, 김장생, 김집
	대치 서원	1766(영조 42)		이석지, 이안직, 이종검
제주	귤림 서원	1668(현종 9)	1742(영조 18)	김정, 송인수, 김상헌, 정온, 송시열
순천	옥천 서원	1564(명종 19)	1568(선조 1)	김굉필
	청수 서원	1693(숙종 19)		이수광
남원	창주 서원	1579(선조 12)	1600(선조 33)	노신
	영천 서원	1619(광해 11)	1686(숙종 12)	안처순, 정환, 정황, 이대사
	노봉 서원	1649(인조 27)	1697(숙종 23)	김인후, 홍순복, 최상중, 오정길, 최온, 최휘지

소재 지역	서원 명칭	건립 연도	사액 연도	배향 인물
남원	고룡 서원	1583(선조 16)		노신
	요계 서원	1694(숙종 20)		김엽, 이상형, 김지순, 김지백
	고암 서원	1694(숙종 20)		진극순, 황신구
	방산 서원	1702(숙종 28)		윤효손, 최연, 이경석
장성	필암 서원	1590(선조 23)	1662(현종 3)	김인후, 양자징
	모암 서원	1648(인조 26)		서릉, 조영규, 조정로, 최학령, 정운룡, 김유급
	추산 서원	1697(숙종 23)		기건, 기효간, 기정익
	봉암 서원	1697(숙종 23)		변이중, 변경윤
	학림 서원	1718(숙종 44)		김온, 김영렬, 김응두, 박희중, 박예철
담양	의암 서원	1607(선조 40)	1669(현종 10)	유희춘
여산	죽림 서원	1626(인조 4)	1665(현종 6)	조광조, 이황, 이이, 성혼, 김장생, 송시열
장흥	연곡 서원	1698(숙종 24)	1726(영조 2)	민정중, 민유중
	강성 서원	1644(인조 22)	1786(정조 10)	문익점, 문위세
	예양 서원	1620(광해 12)		이색, 남효온, 신잠, 김광원, 유호인
무주	죽계 서원	1713(숙종 39)		김선, 장필무
보성	용산 서원	1607(선조 40)	1707(숙종 33)	박광전
	대계 서원	1657(효종 8)	1704(숙종 30)	안방준
	양산 서원	1712(숙종 38)		염세경
금산	성곡 서원	1617(광해 9)	1663(현종 4)	김선, 윤택, 길재, 김정, 고경명, 조헌
영암	녹동 서원	1630(인조 8)	1713(숙종 39)	최덕지, 김수항, 최충성 김창협
	죽정 서원	1681(숙종 7)		박성건, 박권, 박규정, 이만성
고부	도계 서원	1673(현종 14)		이희맹, 김제민, 최안, 김지수, 김제안
익산	화산 서원	1657(효종 8)	1722(경종 2)	김장생, 송시열
	화암 서원	1612(광해 4)		이공수, 이약해, 소세양, 소세량, 소동도, 소영복, 소광진
김제	용암 서원	1575(선조 8)		조간, 이계맹, 나안세, 윤추, 나응삼, 이세필
영광	백산 서원	1723(경종 3)		이세필

소재 지역	서원 명칭	건립 연도	사액 연도	배향 인물
순창	화산 서원	1607(선조 40)		신말주, 김정, 김인후, 고경명, 김천일
임피	봉암 서원	1664(현종 5)	1695(숙종 21)	김집, 김구
용담	삼천 서원	1667(현종 8)	1695(숙종 21)	안자, 정자, 주자
창평	송강 서원	1694(숙종 20)	1706(숙종 32)	정철
금구	구성 서원	1700(숙종 26)		윤순거
태인	남고 서원	1577(선조 10)	1685(숙종 11)	이항, 김천일
	무성 서원	1615(광해 7)	1696(숙종 22)	최치원, 신잠, 정극인, 송세림, 정언충, 김약묵, 김관
	용계 서원	1701(숙종 27)		최서림, 김만정, 은정화, 김습, 한백유
무안	송림 서원	1630(인조 8)	1682(숙종 8)	김권, 유계
남평	봉산 서원	1650(효종 1)	1667(현종 8)	백인걸
동복	도원 서원	1670(현종 11)	1687(숙종 13)	최산두, 임억령, 정구, 안방준
정읍	고암 서원	1695(숙종 21)	1695(숙종 21)	송시열, 권상하
부안	도동 서원	1534(중종 29)		김구, 홍익한, 김여맹, 최수손, 성중암, 김석홍, 최필성, 김계
	동림 서원	1694(숙종 20)		류형원, 류문원, 김서경
	청계 서원	1708(숙종 34)		이승간
	유천 서원	1652(효종 3)		허진동, 김택삼, 김굉
강진	서봉 서원	1590(선조 23)		이후백, 백광훈, 최경창
임실	학정 서원	1672(현종 13)		김천일, 박번, 박훈, 홍붕, 이홍발, 조평
옥과	영귀 서원	1694(숙종 20)		김인후, 류팽로, 이홍발, 신이강
장수	창계 서원	1695(숙종 21)		황희, 황수신, 유호인, 장응두
운봉	용암 서원	1702(숙종 28)		정몽주, 박광옥, 변사정
함평	자양 서원	1726(영조 2)		주자
흥덕	동산 서원	1718(숙종 44)		이경여, 이경서, 이관명, 이건명

경상도

소재 지역	서원 명칭	건립 연도	사액 연도	배향 인물
경주	서악 서원	1561(명종 16)	1623(인조 1)	설총, 김유신, 최치원
	옥산 서원	1573(선조 6)	1574(선조 7)	이언적
	구강 서원	1692(숙종 18)		이제현
	동강 서원	1707(숙종 33)		손중돈
	인산 서원	1714(숙종 40)		송시열
안동	호계 서원	1576(선조 9)	1676(숙종 2)	이황, 류성룡, 김성일
	삼계 서원	1588(선조 21)	1660(현종 1)	권벌
	주계 서원	1612(광해 4)	1693(숙종 19)	구봉령, 권춘란
	경광 서원	1568(선조 1)		배상지, 이종준, 권우, 장흥효
	청성 서원	1612(광해 4)		권호문
	병산 서원	1613(광해 5)	1863(철종 14)	류성룡, 류진
	노림 서원	1653(효종 4)		남치리
	물계 서원	1661(현종 2)		김방경, 김양진, 김응조
	사빈 서원	1685(숙종 11)		김진, 김극일, 김수일, 김명일, 김성일, 김부일
	도연 서원	1693(숙종 19)		정구
	도동 서원	1696(숙종 22)		우탁
	덕봉 서원	1704(숙종 30)		김용
성주	청곡 서원	1528(중종 23)	1573(선조 6)	정자, 주자, 김굉필, 이언적, 정구, 장현광
	회연 서원	1627(인조 5)	1690(숙종 16)	정구
	류계 서원	1712(숙종 38)		정곤수, 이순, 박찬
	노강 서원	1712(숙종 38)		송시열, 권상하
	정천 서원	1729(영조 5)		김우옹, 김담수, 박이장
진주	덕천 서원	1576(선조 9)	1609(광해 1)	조식, 최영경
	신당 서원	1710(숙종 36)	1718(숙종 44)	조지서
	대각 서원	1610(광해 2)		하항, 손천우, 김대명, 하응도, 이정, 류종지, 하수일
	종천 서원	1677(숙종 3)		하연, 하진
	임천 서원	1702(숙종 28)		이준민, 강응태, 성여신, 하증, 한몽삼
	정강 서원	1694(숙종 20)		정온, 강숙경, 하윤, 유백온, 이제신, 이염, 하천수, 진극경, 박민
	인계 서원	1710(숙종 36)		최탁
상주	도남 서원	1606(선조 39)	1677(숙종 3)	정몽주, 김굉필, 정여창, 이언적, 이황, 노수신, 류성룡, 정경세

소재 지역	서원 명칭	건립 연도	사액 연도	배향 인물
상주	흥암 서원	1702(숙종 28)	1705(숙종 31)	송준길
	백옥동 서원	1714(숙종 40)	1789(정조 13)	황희, 김식
	옥성 서원	1632(인조 10)		김득배, 신잠, 김범, 이전, 이준
	속수 서원	1657(효종 8)		신고, 손중돈, 김우굉, 조정
	근암 서원	1665(현종 6)		홍언충, 이덕형, 김홍민, 홍여하
	효곡 서원	1685(숙종 11)		김충, 송량, 고인계
	화암 서원	1692(숙종 18)		김안절
	연악 서원	1702(숙종 28)		박언성, 김언건, 강응철
	봉산 서원	1708(숙종 34)		노수신, 심회수, 성윤해
	운계 서원	1711(숙종 37)		신석번
	서산 서원	1713(숙종 39)		김상용, 김상헌
창원	회원 서원	1634(인조 12)		정구, 허목
순흥	소수 서원	1543(중종 38)	1550(명종 5)	안유, 안추, 안보, 주세붕
	단계 서원	1618(광해 10)		김담
대구	연경 서원	1564(명종 19)	1660(현종 1)	이황, 정구, 정경세
	낙빈 서원	1679(숙종 5)	1694(숙종 20)	박팽년, 성삼문, 하위지, 이개, 류성원, 유응부
	이강 서원	1679(인조 17)		서사원
	구계 서원	1675(숙종 1)		서침, 서거정, 서해, 서성
	남강 서원	1694(숙종 20)		박한주, 박수춘
	청호 서원	1694(숙종 20)		손조서, 손처눌, 유시반, 정호인
밀양	예림 서원	1567(명종 22)	1669(현종 10)	김종직, 박한주, 신계성
	삼강 서원	1563(명종 18)		민구령, 민구소, 민구연, 민구주, 민구서
선산	김오 서원	1570(선조 3)	1575(선조 8)	길재, 김종직, 정붕, 박영, 장현광
	월암 서원	1630(인조 8)	1694(숙종 20)	김주, 하위지, 이맹전
	낙봉 서원	1642(인조 20)	1787(정조 11)	김숙자, 김취성, 김취문, 박운, 고응척
	무동 서원	1704(숙종 30)		전좌명, 전윤무, 이우
	송산 서원	1707(숙종 33)		최응룡, 최현
인동	오산 서원	1574(선조 7)	1609(광해 1)	길재
	동락 서원	1655(효종 6)	1676(숙종 2)	장현광
김해	신산 서원	1576(선조 9)	1609(광해 1)	조식, 신계성

소재 지역	서원 명칭	건립 연도	사액 연도	배향 인물
동래	낙안 서원	1605(선조 38)	1624(인조 2)	송상현, 정발, 윤흥신, 조영규, 노개방, 문덕겸, 김희수, 송봉수, 김상, 송백, 신여노
울산	구강 서원	1679(숙종 5)	1694(숙종 20)	정몽주, 이언적
청송	병암 서원	1702(숙종 28)	1702(숙종 28)	이이, 김장생
	송학 서원	1702(숙종 28)		이황, 김성일, 장현광
영해	단산 서원	1608(선조 41)		우탁, 이곡, 이색
	인산 서원	1696(숙종 22)		이휘일
칠곡	사양 서원	1651(효종 2)		정구, 이윤우
하동	영계 서원	1699(숙종 25)		정여창, 김성일
거제	반곡 서원	1705(숙종 31)		송시열, 김진규, 김창집
함양	남계 서원	1552(명종 7)	1566(명종 21)	정여창, 강익, 정온
	당주 서원	1581(선조 14)	1660(현종 1)	노진
	도곡 서원	1701(숙종 27)		조승숙, 정복주, 노권전, 노우붕
	구천 서원	1702(숙종 28)		박맹지, 양권, 강한, 표연말, 양희, 하맹보
	백연 서원	1670(현종 11)		최치원, 김종직
영천	임고 서원	1555(명종 10)	1603(선조 36)	정몽주, 황보인, 장현광
	도잠 서원	1613(광해 5)	1678(숙종 4)	조호익
	입암 서원	1657(효종 8)		장현광, 정사진
	송곡 서원	1702(숙종 27)		류방선, 이보흠, 곽순, 이현보, 심지원
청도	자계 서원	1578(선조 11)	1661(현종 2)	김극일, 김일손, 김대유
	남계 서원	1704(숙종 30)		김지대
영주	이산 서원	1559(명종 14)	1574(선조 7)	이황
	삼봉 서원	1654(효종 5)		김이음, 이해, 김개국, 김륵
	장암 서원	1691(숙종 17)		홍익한, 윤집, 오달제
	오계 서원	1665(현종 6)		이덕홍
	의산 서원	1674(현종 15)		이개립, 김응조
흥해	곡강 서원	1607(선조 40)		이언적, 조경
함안	서산 서원	1706(숙종 32)	1713(숙종 39)	조여, 원호, 김시습, 이맹전, 성담수, 남효온
	덕암 서원	1617(광해 9)		조순, 박한주, 조종도
	도림 서원	1672(현종 13)		정구

소재 지역	서원 명칭	건립 연도	사액 연도	배향 인물
초계	청계 서원	1564(명종 19)		이희안, 김치원, 이대기
	송원 서원	1692(숙종 18)		안우, 노필, 안극가, 노극성
금산	경염 서원	1648(인조 26)		김종직, 최선문, 조위, 이약동, 김시창, 조유
풍기	욱양 서원	1662(현종 2)		이황, 황준량
	우곡 서원	1708(숙종 34)		류운룡, 황섬, 이준, 김광엽
합천	이연 서원	1587(선조 20)	1660(현종 1)	김굉필, 정여창
	화암 서원	1653(효종 4)	1727(영조 3)	박소
	신천 서원	1684(숙종 10)		하연, 하우붕
	명곡 서원	1700(숙종 26)		배일장
	용연 서원	1664(현종 5)		박인, 문동도
예천	정산 서원	1612(광해 4)	1677(숙종 3)	이황, 조목
	봉산 서원	1618(숙종 7)		권오복
	도정 서원	1723(경종 3)		정탁
양산	송담 서원	1696(숙종 22)	1717(숙종 43)	백수회
의성	빙계 서원	1556(명종 11)	1576(선조 9)	김안국, 이언적, 류성룡, 김성일, 장현광
	장대 서원	1672(현종 13)		김광수, 신원록, 신지제, 이민성

강원

소재 지역	서원 명칭	건립 연도	사액 연도	배향 인물
강릉	송담 서원	1636(인조 14)	1660(현종 1)	이이
	오봉 서원	1556(명종 11)		공자
원주	칠봉 서원	1612(광해 4)	1673(현종 14)	원천석, 원호, 정종영, 한백겸
	도천 서원	1693(숙종 19)	1693(숙종 19)	허후
춘천	문암 서원	1610(광해 2)	1648(인조 26)	김주, 이황, 이정형, 조경
	도포 서원	1650(효종 1)		신숭겸, 신흠, 김경직
양양	동명 서원	1628(인조 6)		조인벽
이천	화산 서원	1695(숙종 21)		박태보
평해	명계 서원	1654(효종 5)		황응청, 황여일
울진	고산 서원	1715(숙종 41)		임유후, 오도일
	구암 서원	1686(숙종 12)		김시습

황해

소재 지역	서원 명칭	건립 연도	사액 연도	배향 인물
해주	소현 서원	1637(인조 15)		주자, 조광조, 이황, 이이, 성혼, 김장생, 송시열
	문헌 서원	1549(명종 4)	1550(명종 5)	최충, 최유길
황주	백록동 서원	1588(선조 21)	1661(현종 2)	주자, 김굉필, 이이
연안	비봉 서원	1596(선조 29)	1682(숙종 8)	주자, 최충, 김굉필, 이이, 성혼, 박세채
평산	동양 서원	1650(효종 1)	1687(숙종 13)	신숭겸, 이색
	구봉 서원	1696(숙종 22)	1697(숙종 23)	박세채
장연	룡암 서원	1709(숙종 35)	1721(경종 1)	주자, 이이
서흥	화곡 서원	(선조)	1592(선조 25)	김굉필, 이이, 김유
배천	문회 서원		1568(선조 1)	이이, 성혼, 조헌, 박세채, 안당, 신응시, 오억령, 김덕함
신천	정원 서원	1588(선조 21)	1710(숙종 36)	주자, 조광조, 이황, 이이
안악	취봉 서원	1589(선조 22)	1697(숙종 23)	주자, 이이
수안	룡계 서원	1662(현종 3)	1708(숙종 34)	이연송, 강백년
재령	경현 서원	1655(효종 6)	1695(숙종 21)	주자, 이이
봉산	문정 서원	1681(숙종 7)	1703(숙종 29)	이이, 김장생, 김집, 강석기
금천	도산 서원	1682(숙종 8)	1686(숙종 12)	이제현, 이종학, 조석윤
문화	봉강 서원	1656(효종 7)	1675(숙종 1)	주자, 조광조, 이황, 이이
	정계 서원	1670(현종 11)	1678(숙종 4)	류관
송화	도동 서원	1605(선조 38)	1698(숙종 24)	주자, 조광조, 이황, 이이
장련	봉양 서원	1695(숙종 21)	1696(숙종 22)	박세채
은율	봉암 서원	1613(광해 5)		주자, 김굉필, 이이

평안

소재 지역	서원 명칭	건립 연도	사액 연도	배향 인물
평양	인현 서원	1564(명종 19)	1608(선조 41)	기자
	용곡 서원	1658(효종 9)	1683(숙종 9)	선우협
	서산 서원	1707(숙종 33)		홍익한, 홍명구
영변	약봉 서원	1688(숙종 14)	1707(숙종 33)	조광조

소재 지역	서원 명칭	건립 연도	사액 연도	배향 인물
정주	봉명 서원	1663(현종 4)	1671(현종 12)	김상용, 김상헌
	신안 서원	1712(선조 40)	1716(숙종 42)	주자
강계	경현 서원	1607(선조 40)	1675(숙종 1)	이언적
성천	학령 서원	1607(선조 40)	1660(현종 1)	정구, 조호익, 박대덕
선천	주문공 서원	1701(숙종 27)		주자, 이이
희천	상현 서원	1576(선조 9)	1690(숙종 16)	김굉필, 조광조
벽동	구봉 서원	1697(숙종 23)	1701(숙종 27)	민정중, 민유중
순안	성산 서원	1647(인조 25)	1694(숙종 20)	정몽주, 한우신
용강	오산 서원	1664(현종 5)	1671(현종 12)	김안국, 김정국
강서	학동 서원	1684(숙종 10)	1686(숙종 12)	김반
태천	둔암 서원	1660(현종 1)		선우협, 김익호
강동	청계 서원	1672(현종 13)		이황, 조호익, 김육

함경

소재 지역	서원 명칭	건립 연도	사액 연도	배향 인물
함흥	문회 서원	1563(명종 18)	1576(선조 9)	공자
	운전 서원	1667(현종 8)	1727(영조 3)	정몽주, 조광조, 이황, 이이, 성혼, 조헌, 송시열, 민정중
영흥	흥현 서원	1612(광해 4)	1617(광해 9)	정몽주, 조광조
길주	명천 서원	1670(현종 11)	1696(숙종 22)	조헌
안변	옥동 서원	1567(명종 22)	1702(숙종 28)	이계손, 김상용, 조석윤
북청	노덕 서원	1627(인조 5)	1687(숙종 13)	이항복, 김덕함, 정홍익, 민정중, 오두인, 이상진, 이세화
종성	종산 서원	1666(현종 7)	1686(숙종 12)	정여창, 기준, 류희춘, 정엽, 정홍익, 김상헌, 정온, 조석윤, 유계, 민정중, 남구만
덕원	용진 서원	1695(숙종 21)	1696(숙종 22)	송시열
정평	망덕 서원	1668(현종 9)		정몽주, 조광조, 김상헌, 조익, 민정중

소재 지역	서원 명칭	건립 연도	사액 연도	배향 인물
단천	복천 서원	1664(현종 5)		공자
온성	충곡 서원	1606(선조 39)		기준, 김덕함, 유계
문천	문포 서원	1695(숙종 21)		송시열, 민정중

자료 • 증보문헌비고

참고 문헌

강주진 '서원의 사회적 기능'「한국사론」8, 1986.
금장태 「유교와 한국사상」성균관대학교 출판부, 1980.
류홍렬 「한국사회 사상사 논고」일조각, 1980.
_____ '조선에 있어서의 서원의 성립'「청구학총」29, 30, 1937.
목포대 박물관「전남의 서원·사우」전라남도, 1988.
문화재 관리국「도동서원」문화공보부 문화재 관리국, 1989.
민병하 '조선 서원의 경제구조'「대동문화연구」5, 1968.
신철순 '서원 교육의 형성 배경과 실제',「교육학여구」5-2, 1967.
이수건 「영남 사림파의 형성」영남대 민족문화 연구소, 1979.
이춘희 '이조서원문고고'「문교부 연구 보고서」22, 1968.
이태진 '사림과 서원'「한국사」12, 1978.
_____ 「조선유교 사회사론」지식산업사, 1989.
정만조 '17-18세기 서원·사우에 대한 시론'「한국사론」2, 1975.
정순목 「한국서원 교육제도 연구」영남대학교 출판부, 1980.
정재종 '조선조 서원 조경의 고찰'「문화재」6, 1972.
최완기 '조선 서원 일고-성립과 발달을 중심으로'「역사교육」18, 1975.
_____ '조선조 서원의 교학 기능일고'「사학연구」25, 1975.
_____ 「한국 성리학의 맥」느티나무, 1989.

빛깔있는 책들 102-28
한국의 서원

글 | 최완기
사진 | 김종섭

초판 1쇄 발행 | 1991년 11월 15일
초판 8쇄 발행 | 2015년 1월 15일

발행인 | 김남석
발행처 | ㈜대원사
주   소 | 135-945 서울시 강남구 양재대로 55길 37, 302
전   화 | (02)757-6711, 6717~9
팩시밀리 | (02)775-8043
등록번호 | 제3-191호
홈페이지 | http://www.daewonsa.co.kr

값 8,500원

Daewonsa Publishing Co., Ltd
Printed in Korea 1991

이 책에 실린 글과 사진은 저자와 주식회사 대원사의 동의 없이는
아무도 이용할 수 없습니다.

ISBN | 978-89-369-0113-3

빛깔있는 책들